名家科学眼

施鹤群 编著

高科技与现代武器

传说中的隐身术

MINGJIA KEXUEYAN

上海科学普及出版社

图书在版编目（CIP）数据

高科技与现代武器：传说中的隐身术 / 施鹤群编著 .
— 上海：上海科学普及出版社，2015.7
（名家科学眼）
ISBN 978-7-5427-6247-4

Ⅰ. ①高… Ⅱ. ①施… Ⅲ. ①高技术—应用—武器—普及读物 Ⅳ. ①E92-49

中国版本图书馆CIP数据核字（2014）第221545号

策　　划　胡名正
责任编辑　刘湘雯

名家科学眼
高科技与现代武器
——传说中的隐身术
施鹤群　编著
上海科学普及出版社出版发行
（上海中山北路832号　邮政编码 200070）
http://www.pspsh.com

各地新华书店经销　　北京市艺辉印刷有限公司印刷
开本 787mm×1092mm　1/16　印张 8　字数 160 000
2015 年 7 月第 1 版　2015 年 7 月第 1 次印刷

ISBN 978-7-5427-6247-4　　　　定价：29.80 元

前 言

人类自从有文字记载以来，就有了有关武器、军事、战争的记载。战争给人类带来极大的痛苦，而武器又与战争密切相连。战场上的武器，残害了大批生灵，毁灭了无数文明。在已经过去的20世纪中，人类经历了两次世界大战和多次局部战争。进入了21世纪，战争没有离开这个世界，伊拉克战争、阿富汗战争、利比亚战争一场接一场。战争给人类社会带来无穷无尽的灾难，尽管发生在21世纪的这几场战争已经离去，但是，战争的后遗症还存在，枪击声、炸弹爆炸声还在人们身边响起。

战争是用武器来进行的，尽管武器不能决定战争的胜负，但是，现代武器在战争中具有举足轻重的作用。而武器的发展，又受到政治、军事、经济、科技的影响。科学技术的进步，促进了武器的发展。

现代武器是在现代科学技术基础上发展起来的，世界上每个国家总是把其最新科学技术成就应用于军事领域，用最新技术制造飞机、大炮、坦克、舰艇，用最新技术发展新武器。过去是这样，现在是这样，在看得见的未来还将是这样。现代武器体现并反映了现代科学技术的最新水平。

我是1956年加入中国人民解放军的，那年，我高中毕业，听从组织挑选，进入位于南京的中国人民解放军军事学院。两年后，又被送入哈尔滨军事工程学院。从此，我整日跟武器打交道，与军事共命运。“哈军工”曾经汇集了中国人民解放军的各种武器专家，各个军兵种的专业教研室里展示着各种各样的现代武器，耳濡目染，使我对三军的武器有所了解。毕业后，我被分配在国防科研战线工作，与武器打交道，并开始了军事科普创作活动。

我从事军事科普创作活动，纯属偶然。那是1958年秋季，我在哈军工预科新生队接受军事训练。射击是第一门课程。我第一次领到了枪，开始了射击训练。射击看起来很简单，我以为瞄准目标，扣动扳机就可以了。射击训练十分枯燥乏味，在我结束了射击训练，走进射击场，进行实弹射击时傻了眼，射击结果令人失望。尤其是手枪射击，瞄不准，脱了靶。

这使我非常苦恼。这是我进入哈军工的第一关，非过不可！于是，我定下心来，认真地研究枪支及枪弹构造、射击原理、子弹的运动规律、影响枪弹精度的因素。同时，在教练、战友的指导下，刻苦训练，终于过了关，取得了好成绩。后来，我结合个人体验把有关射击知识，写成科普文章，在电台广播，在报刊发表，并以此为基础，编写、出版了《枪弹怎样打得准》、《子弹头上的科学道理》等科普读物。从此，我走上了科普创作之路，开始和各种各样的武器打交道。

50 多年过去了，岁月无情，昔日的海军中尉变成了白发苍苍的老人。可是，武器世界日新月异，50 多年的发展，海、陆、空三军武器发生了翻天覆地的变化，旧貌换新颜，出现了许多我从未见过的新武器、尖端武器。未来，还将出现更多新武器，是这些新武器普通人闻所未闻，它们是用新的机理、新的技术、新的材料制造出来的。有些新武器虽然还未降生，还在军事科研单位的实验室里试验，有的甚至还停留在科研单位的设计图纸上，甚至还只是军事专家的一种设想，但是，新武器总要降生的，总要来到这个世界。

我和许多热爱和平的人们一样，并不喜爱武器，更讨厌战争。我曾经幻想，现代武器将成为人类智力游戏的玩具，成为技艺比赛的工具，没有战争，没有杀戮，但那是脱离现实的幻想。许多事情是不以人的意志为转移的。这就使得一切爱好和平的人们，对于现代武器及军事科学技术的发展，不能不重视，不能不关心，不能不认真对待，编写、出版这本书的目的也就在于此。

感谢上海科学普及出版社给我机会，让我把在军事科普园地几十年耕耘获得的果实结集出版，奉献给读者。全文中插图由吴坚、杨万里、忻子斌、李翀提供，特此致谢。

施鹤群

2014 年 12 月

目　录

现代陆战武器篇

现代海战武器篇

现代空战武器篇

现代陆战武器篇

1.1 有特异功能的枪弹

有枪，就要有枪弹。最早的火枪，发射的是实心弹丸。弹丸用铁砂、石粒制成，有球形、锥形、圆柱形、椭圆形等多种形状。1812 年，法国出现一种由弹头与弹壳组成的纸壳弹。它将弹头、发射药、底火用纸质弹壳连在一起，成为定装式枪弹。19 世纪 60 年代，出现了黄铜金属壳枪弹，现代枪弹从此诞生了。

现代枪弹

现代枪弹由弹头、弹壳、发射药和底火组成。弹头是由弹心和披甲构成，弹头外层是披甲，弹头里面是弹心。弹心用铅或钢制成，披甲用黄铜或软钢做成，外面镀一层镍。弹壳上部是弹壳口，和弹头相连；中间是铜合金或低碳钢制的弹壳体，用来装填发射药；在弹壳底部装有底火。

随着现代军事技术的不断发展，以及各种战争环境的需要，现代枪弹也发生了许多变化，出现了各种各样的新式枪弹。这些新式枪弹构造各异，并具有独特的功能和特殊的战斗用途。

能齐射的多头枪弹

多头枪弹又叫齐射弹。它的弹头部分由两个或多个小弹头组成。每个小弹头呈圆锥形，首尾相连，依次镶嵌在一个较长的普通金属弹壳里面。

多头枪弹发射后，弹头中的多个小弹头的着弹点成环状分布，从而提高了命中率。发射一发多头枪弹，相当于发射多发枪弹，增加了杀伤力。

又细又长的箭形枪弹

箭形枪弹的弹头像一支小箭，又细又长，弹尾带有小小的尾翼。箭形枪弹带有尾翼后，大大地提高了枪弹的飞行稳定性，因而命中率比普通枪弹高。箭形枪弹射中目标后，箭头能钻进目标，具有穿甲能力。有一种箭形枪弹，能在 130 米距离处击穿 6.3 毫米厚的钢板。这种箭形枪弹可用来打坦克，对付装甲目标。

箭形枪弹分为单箭形弹和集束箭形弹两种。单箭形弹为单发枪弹，集束箭形弹可装多发枪弹。有一种集束箭形弹可装 32 支小箭弹，每支小箭弹质量不到 1 克，用大口径滑膛枪发射，一次射击，多箭齐发，提高了命中率，可用它来对付坦克群。

没有弹壳的无壳枪弹

无壳枪弹只有弹头，没有弹壳。它是将火药与黏合剂模压成方形或圆形药柱，然后再将金属弹头和底火压制在药柱两头而制成的。无壳枪弹具有质量小（只有一般枪弹质量的 1/2）、体积小（只有一般枪弹体积的 1/3）、制造工艺简单、成本低等优点。这样可以增加士兵的携弹数。

世界上第一发能发射的无壳枪弹 G11 是德国制造的。G11 无壳弹质量仅 5 克，初速高，穿透力强，能在 300 米距离处击穿 6 毫米厚的低碳钢板。无壳枪弹由一种专门的枪来发射。德国研制的一种发射无壳枪弹的枪，全长 75 厘米，枪口直径 4.7 毫米，可以一次装填 50 发无壳枪弹。这种无壳枪，子弹发射速度快，可以密集地射向敌人，发射时不产生后坐力，稳定性好，命中率高。

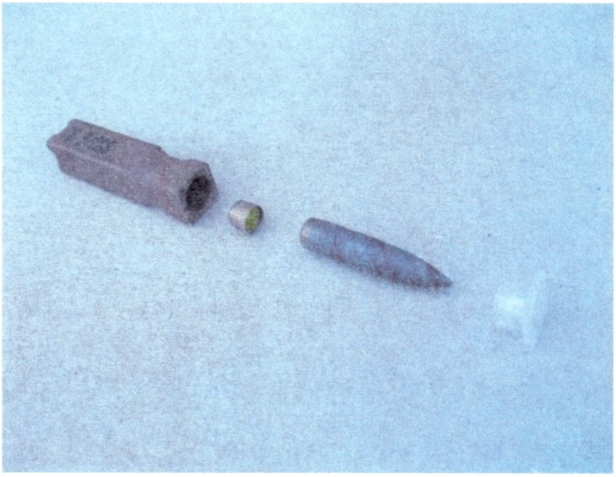

无壳枪弹

能自动跟踪的智能枪弹

智能枪弹是一种装有传感器的枪弹，弹头射出后初速高、射距远，能探测到目标的方位、距离，并能自动跟踪目标。

美国研制了一种能自动跟踪的智能枪弹，这种智能枪弹装有微型传感器，可识别目标，跟踪射击，在激光引导下能命中几千米远处的目标。由于智能枪弹命中率高，战斗威力大，它既可用来对付陆上机动目标，也可用来进行对空射击。

窃听弹是一种用来窃听情报的枪弹，它的外表与普通枪弹相似，弹头内藏着传声器，枪弹发射后，射到敌人指挥部、工事上，弹头就固定在那里，弹头内的传声器便开始工作，日夜窃听周围信息，并把窃听到的情报传送回来。

战地侦察员常利用这种窃听弹侦察前进路上有没有敌人在活动。

想一想

1. 为什么智能枪弹能自动跟踪目标？
2. 无壳枪弹为什么能没有弹壳？
3. 窃听弹怎样窃听情报？

1.2 新概念火炮

2008年的春天，美国海军忙着进行新武器试验，一枚铝制炮弹以7倍音速从舰炮中发射出去，直向海上靶子飞去。正在观看发射试验的美国海军作战部长拉夫黑德上将惊叹不已，认为这是“海军战法的革命”。

这种被称为“海军战法的革命”的舰炮是新概念火炮——电磁轨道炮。

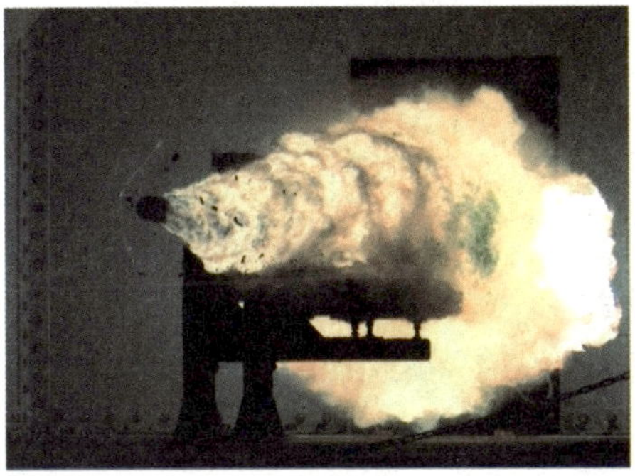

美国海军电磁轨道炮试验

美国海军电磁轨道炮

电磁轨道炮的奥秘

电磁轨道炮是一种新概念火炮，利用电磁力来发射弹丸。20世纪初，就有人提出电炮设想。电炮即电磁炮，其原理如下：在炮身上绕有线圈，当电流通过线圈时，产生巨大磁场。在磁场磁力线作用下，钢铁制成的炮弹向着线圈飞去，切断线圈中电流，炮弹在惯性作用下，向目标飞去。

曾有人制造一门电炮模型，把50克重的炮弹发射了出去。但是，要把电炮模型变成实用的电炮，便出现了问题。一是需要巨大的电力，一门口径76毫米的电磁炮所需电力达37千瓦，这需要有庞大的供电装置。二是电炮要配备许多专门设备，它们要能承受电流短路时发生的冲击，这在技术上存在问题。这样，早期的电炮没有得到应用就夭折了。

科学技术的发展，使电磁发射技术问题得到解决，从20世纪70年代开始，

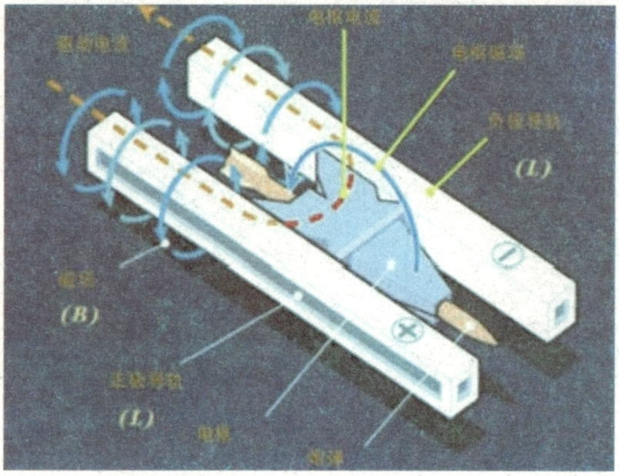

电磁轨道炮原理

一些西方国家和军事大国纷纷进行电磁炮的研究和发展。现代电磁炮根据其构造不同可分为电磁线圈炮和电磁轨道炮两种。

电磁线圈炮是由环绕炮膛的一系列固定线圈与环绕弹丸的弹体线圈所组成。炮弹发射时，电源依次给环绕炮膛的一系列固定线圈供电，产生一个沿炮管运动的移动磁场，使得在环绕弹丸的弹体线圈中产生感应电流，感应电流也形成一个磁场，产生加速力，使弹丸在炮管整个长度上得到加速。弹丸就这样高速地被发射出去。

电磁轨道炮由导轨、电枢及电源组成。导轨是一对平行的金属轨道，用于传导电流。这对金属轨道是由耐烧蚀、耐磨损、具有良好机械强度的材料制成。金属轨道镶嵌在用高强度材料制成的绝缘筒内，构成炮管。电枢由导电金属或等离子材料制成，位于两金属轨道之间，它的前端装着弹丸，电枢带着弹丸一起在导轨间运动。

当电磁轨道炮发射时，电源供电，强大的电流通过导轨、电枢，最后又返回电源，构成回路，并在回路内产生感应电流。这样，感应电流在回路内产生磁场，对电枢产生一个电磁加速力，推动电枢运动。装在电枢前端的弹丸也得到加速，弹丸就这样被发射出去。

你知道吗：电磁轨道炮

电磁轨道炮，又称轨道炮，是利用电磁发射技术制成的一种先进的动能杀伤武器，它是利用电磁系统中电磁场的作用力来发射炮弹，可大大提高炮弹的速度和射程，因而引起了世界各国军事家们的关注。

电磁轨道炮的特点

美国海军海上水面战中心试射的电磁炮便是电磁轨道炮，有一根很长的炮管，炮管中有两根铜金属轨。这种电磁轨道炮通过巨大的电能，产生巨大的力，发射炮弹和导弹。电磁轨道炮是电磁炮的一种，作为一种新概念火炮，它具有一般火炮所不具有的特点。

电磁轨道炮最大特点便是发射的炮弹初速高。这是由于电磁轨道炮利用电磁发射技术，使电能转化成弹丸动能，使得炮弹初速突破了每秒2 000米的极限。澳大利亚在20世纪70年代初试造了一门5米长的电磁轨道炮，将3.3克重的弹丸加速到每秒5 900米。而这次美国海军试验的电磁轨道炮把3千克重的炮弹以7马赫（马赫是速度单位，1马赫为一倍音速）的高速发射出去，成为世界上飞行速度最快的炮弹家族成员。

美国海军试验用的电磁轨道炮

弹丸初速高，射程就远，所以，电磁轨道炮可以远距离射击，能攻击远距离目标。弹丸飞行速度也快，弹丸撞击目标的动能大，战斗杀伤力也大。这次美国海军试验的电磁轨道炮其射程可在360千米以上，而目前世界战舰的火炮攻击范围一般只有几十千米。

同时，由于弹丸初速高，弹丸在空中飞行时间减少，可以提高射击命中精度，提高击毁目标的概率。美国海军试验的电磁轨道炮可以精确攻击，误差范围不超过5米，不容易造成目标周围自己士兵的伤亡。飞行途中，它没有传统炮弹那样的噪声，很容易给敌人一个措手不及的打击。

电磁轨道炮的弹药填充方式也不同于一般火炮，可以通过调节电能输入来改变射程，无需改变射角。这样，可以在短时间内连续发射炮弹，对准不同距离上的多个目标，能有效地拦截空中快速目标。

电磁轨道炮不仅可以发射炮弹，也可以用来发射导弹。电磁轨道炮通过巨大的电能，产生巨大的磁力，发射各种类型的导弹，其发射的导弹不需要像传统导弹那样携带燃料飞行，极大降低了导弹的造价，也易于存放，不容易被引爆。

此外，电磁轨道炮生存能力强。炮弹几乎不装填炸药，又可减少炮弹在制造、运输、储存方面的安全隐患。

你知道吗：马赫

马赫是速度单位，1马赫为一倍音速。马赫数小于1者为亚音速，马赫数大于1为超音速，马赫数大于5左右为超高音速。

广阔的应用前景

美计划电磁轨道炮装备隐形驱逐舰

由于电磁轨道炮具有上述特点，所以才被美国海军所相中，把它作为未来美国海军新式武器。

电磁轨道炮可以装备美国海军的岸炮部队和战斗舰艇。美国海军试验的电磁轨道炮计划装备未来的DDG1000隐形驱逐舰，它是一种全隐形的现代化驱逐舰，排水量达1.4万吨，由电力推进，雷达反射截面只有一艘小渔船那么大，对方雷达极难探测，能够发射导弹，打击360多千米远的目标。

美国海军陆战队也对电磁轨道炮感兴趣。美国海军陆战队经常在海外执行作战任务，需要电磁轨道炮这样的远程快速打击武器，对沿岸作战的士兵进行火力支援。美国陆军也在研发较小型的电磁炮用于陆战。

美计划电磁轨道炮装备隐形驱逐舰

电磁轨道炮有可能成为未来美国海军新式武器。所以，美国海军作战部长拉夫黑德上将称它会带来“海军战法的革命”。

想一想

1. 为什么说电磁轨道炮是一种新概念火炮？
2. 电磁轨道炮是怎样发射炮弹的？
3. 为什么说电磁轨道炮会带来“海军战法的革命”？

1.3 地雷，离开了没有

一位英俊的陆军中校走进了央视新闻会客厅，他是中国军队扫雷专家。他所以能出现在这里，是因为2005年12月1日，中国军队扫雷专家组圆满完成人道主义扫雷培训任务，从泰国回到北京。陆军中校是专门为电视观众介绍中国军队扫雷专家在我们友邻泰国的扫雷培训活动。

1999年3月1日，《国际反地雷公约》正式生效，世界上一些地雷隐患比较严重的国家和地区开始扫雷活动。扫雷要有专门的技术，要有行之有效的方法。

行之有效的爆破法扫雷

2004年9月6日，中国军队扫雷专家组应泰国军方的邀请，前往泰国，对泰国军方技术人员进行了扫雷培训。在将近三个月的时间里，中国专家对泰方受训人员进行了理论教学、模拟训练和实地扫雷训练。

10月25日，在位于泰国和柬埔寨边境处的一块面积近2万平方米的雷场，进行了实地扫雷训练。在一个月期间，两国队员扫清了整个雷场，排除、诱爆地雷和各种未爆炸药200多枚，没有发生一起人员伤亡事故。中国第一次赴亚太地区进行人道主义扫雷援助取得了圆满成功。

中国扫雷专家采用什么秘诀培训泰国扫雷人员，清除威胁雷区周围平民百姓生命安全的爆炸物呢？

中国扫雷专家向泰国扫雷人员传授的是爆破法扫雷，所谓爆破法扫雷是利用炸药爆炸产物和冲击波诱爆地雷或使其失效。由于那里的雷场没有经过人为破坏，它的植被非常茂密，人进不去，扫雷机械也进不去，因此需要用爆破的方法，首先在雷场中间开一条通路，把在通路上的地雷进行诱爆、稀化，这为扫雷人员进行作业增加了安全系数。

进入雷场作业的扫雷人员穿着中国生产的排雷服和防雷鞋，使用中国研制的扫雷防护装具。这些扫雷防护装具能抵抗210克TNT当量爆炸物的爆炸，可

中国生产的扫雷防护装具

以抵挡反步兵地雷爆炸产生的冲击波、钢珠，对人体全身进行防护。

扫雷人员手里拿着的是探雷器，是一种单兵手持探雷器，它属于电磁探雷器一类，利用电磁感应原理来发现地雷，这是一种工兵部队经常使用的探雷方法。电磁探雷器产生电磁场，使地雷上的金属部件受激产生涡电流，被探雷器中的电子系统探测到，产生振荡信号，从而发现地雷。这种单兵手持探雷器主要是对有金属的信号源会产生报警，扫雷人员可以通过戴在头上的耳机，听见报警声音，从而定点，即确定这个雷的具体位置。由于单兵手持探雷器对有金属的信号源都会产生报警，为了区别地雷中金属信号源，就要配合探雷针进行使用。战场上金属信号源很多，有铁钉，有子弹壳，还有其他的金属碎片，经过培训，可以让探雷手从一定的程度上判别。探雷针就是利用作业手的手感来进行刺探，刺探如果下面有地雷，或者是其他金属物，经过训练过的作业手可以判别得出来。

通过平时训练手感，可以探测地表以下的地雷。探雷针戳到地雷就有反应，作业手可以按照手感，判别地表下的地雷是长形的、条形的还是圆形的，这个圆形的有多大，大的可能就是防坦克地雷，那么小的那个圆形的就是防步兵地雷。

中国扫雷专家就这样用自己独创的扫雷技术和方法培训泰国扫雷人员，传授扫雷秘诀，清除威胁雷区周围平民百姓生命安全的爆炸物。中国援助泰国扫雷行动是中国第一次对亚洲国家开展大规模专项扫雷援助。

虽然中国没有签署《国际反地雷公约》，那是由于实际难以做到所以没有加入。但是，中国承认并且同意反地雷公约表达出来的精神。1997 年，中国政府就向国际社会做出了一个庄严的承诺：中国是一个负责任的大国，有义务，有责任，也愿意向雷患国家提供我们力所能及的一些帮助。从 1997 年以后，中国政府就致力于解决战后地雷伤害平民的问题，一直在做这个工作，并且已经很有成效，中国政府一直在尽力援助深受地雷危害的国家，履行一个负责任大国的责任。

·小知识·

防雷鞋

防雷鞋是一种扫雷防护装具，橡胶底的上层是海绵，再加一个V形板，可以在鞋底压着地雷时防止地雷的爆炸或降低爆炸杀伤力，压发地雷以后，保护脚掌不会被炸断，不会被炸伤。

多种多样的扫雷方法

要使“战场幽灵”地雷离开战争舞台，要清除世纪隐患，要使人们免受地雷之害，就得认真研究排雷、扫雷，研究、发展反雷技术和方法。

现代世界上已经出现了多种多样的扫雷技术和扫雷方法。现代扫雷作业中，机械代替了手工，许多新型扫雷机械装备于工兵部队，用于扫雷。

在扫雷作业中，应用最广，而且也最为有效的扫雷方法，便是爆破扫雷，它是利用炸药爆炸产物和冲击波来诱爆地雷或使地雷失效。最早出现的爆破扫雷是将扫雷爆破筒送入雷场中引爆，来扫除雷场中埋设的地雷。扫雷爆破筒直径一般为50毫米，每节长1.5米，壳体由金属制成，内装烈性炸药。

中国扫雷专家向泰国扫雷人员传授的是爆破法扫雷，许多国家也采用此法扫雷。美国、俄罗斯、加拿大、以色列等国家都装备有各种类型的扫雷爆破筒。现代爆破扫雷已发展成为用火箭爆破器和扫雷火箭弹在地雷场中开辟道路。

马岛战争中，英国使用一种叫“小蝮蛇”的爆破器，它借助火箭发射，利用炸药爆炸来扫雷。后来，英国又研制了一种“大蝮蛇”爆破器，它内装1500千克塑性炸药，使用时将整个扫雷系统牵引至离雷区45米处，由操作手通过电传动控制火箭发射，在雷场中起爆炸药来引爆地雷。这种“大蝮蛇”爆破器装在拖车上，由坦克、装甲车、战斗工程车牵引，在海湾战争中被广泛应用。

“大蝮蛇”爆破器

在主战坦克前面安装一种特殊的扫雷犁刀，就成了扫雷坦克。扫雷坦克进入雷区后，扫雷犁刀的犁齿插入土中，将地雷掘出，抛到车辙两侧。扫雷坦克可在雷区

“雄野猪”装甲扫雷车

中开辟出通道。一些国家还研制专门的扫雷工程车，装甲扫雷车就是一种扫雷工程车，它是一种装有清除地雷装置的装甲车辆，有车轮式，也有履带式，专门设计用来清除地雷，或者是将清除工具附加在一般用途的装甲车辆上面，长时间担任地雷排除的任务。

装甲扫雷车不是用于清除整个被发现的地雷区，而是将地雷区清理出一至数条的安全信道，提供地面部队人员和车辆安全通过。在 1991 年 1 月 17 日多国部队发动的“沙漠风暴”行动中，美国军队装备一种带有扫雷耙的战斗工程车。这种扫雷耙由呈 V 字形的耙齿组成，挂在车前，进行扫雷作业时，把耙齿插入土中，就会将雷场中的地雷挖出。

德国在海湾战争前就试制了一种装甲扫雷车——“雄野猪”，车上装有 24 个链锤。扫雷时，通过链锤旋转，频频打击地面，可以砸毁或者引爆地雷。“雄野猪”装甲扫雷车可以在 10 分钟内，开辟出一条宽 4.7 米、长 120 米的坦克通道。“雄野猪”在海湾战争中也得到应用，取得成效。

非触发引信地雷的出现，使得机械扫雷、爆炸扫雷相形见绌。为此，出现了一些新颖的不接触地雷的诱爆扫雷技术。

电磁感应扫雷是最先出现的一种诱爆扫雷方法。美国有一种坦克磁场模拟装置，它的电磁感应线圈直径达 152 毫米，质量为 115 千克，装于坦克、装甲车前面，能模拟坦克磁场信号，诱爆地雷。由于电磁感应线圈装在车辆前几米远处，所以，地雷爆炸不会损坏扫雷的坦克、车辆。英国在海湾战争中，向多国部队提供的一种电磁扫雷器，是一个方形独立线圈，悬挂在装甲工程车前面，扫雷效果不错。

声响扫雷也是一种非接触的诱爆扫雷方法，它模拟坦克运动中产生的声响、震动信号，来扫除较远距离上布设的地雷，使地雷中的声控传感器、震动传感器失效。声响扫雷器可安装在战斗车辆上，也可装备于飞机、直升机上。

微波扫雷是又一种扫雷新方法，它利用装载于地面车辆、飞机上的微波发射装置，向地面发射高频率微波，利用微波能量烧毁地雷中的电路，使地雷失效。

21 世纪人类仍将受到地雷的威胁。要消除地雷的威胁，不仅需要技术，还需要经费。因为要扫除 1 枚地雷，需耗资 300 ~ 1 000 美元，要扫除已埋下的地雷需要巨额经费，需要有人埋单，从这个意义上说，扫雷，任重而道远。

你知道吗：《国际反地雷公约》

《国际反地雷公约》，是一部关于立即、全面禁止杀伤人员地雷的国际公约。该公约在加拿大渥太华签订，故又称《渥太华禁雷公约》。目前已经有156个国家加入公约，但是美国、俄罗斯、中国和印度没有签署。

想一想

1. 为什么说爆破法扫雷是行之有效的扫雷方法？
2. 为什么要全面禁止杀伤人员地雷？

1.4 炸直升机的地下伏兵

一架隐形直升机贴着地面在低空飞行，雷达没有发现它。隐形直升机在寻找要攻击的地面目标。

突然，“轰隆”一声，埋在地下的一枚地雷爆炸了。地雷爆炸产生的碎片，击中了直升机机翼，隐形直升机从空中掉下，露出了它的真面目。原来这是一架无人驾驶的隐形直升机。

这样的场景可能出现在未来的陆战场，较量的双方原本是老死不相往来的武器系统，高科技的发展，使它们成了交锋的对手。反直升机地雷就是这样出现并登上现代陆战舞台的。

地雷有了智能

地雷是一种古老的兵器，有500多年历史。我国明代兵器制造家发明了地雷，制造了多种形状各异的地雷用于战争。明代兵书《武备志》中记载了10多种地雷的形制及特性，并绘有地雷的构造图。

19世纪中叶以后，各种烈性炸药和引爆技术的出现，诞生了现代地雷。1903年前后，俄国研制成功制式化生产的地雷，并在战争中应用，取得了一定效果。英国发明的坦克出现在一战战场后，为对付英国坦克，德国在1918年将炮弹改装成防坦克地雷，随后又研制了两种制式化的防坦克地雷，用于对付英、法军的坦克，获得了一定的战果。二战中防坦克地雷得到了广泛应用。在当时被毁伤的坦克中，有20%是坦克地雷的战绩。

早期的地雷几乎都是准备用于杀伤人员的，是一种防步兵地雷。1938年前后，德国人发明了防步兵跳雷，该种类雷由绊线绊发，目标触雷后，雷体会跳起来，在距地面0.5米的空中爆炸。这种跳雷的杀伤威力比在地表或地表下爆炸的同等地雷要大。

随着现代科学技术的发展，特别是人工智能技术和自动化、激光、红外、微波等高新技术的发展，出现了智能地雷武器。智能地雷是“有腿地雷”，既能跑，又能跳，还能飞，能够主动、准确地探测跟踪目标，选择目标和攻击部位、攻击方法。这些地雷之所以能够获得“智能”，就是因为它和探测技术、传感器技术、微处理器技术等高新技术结合在一起，所以展现出前所未有的活力。

“大黄蜂”反坦克地雷

由于国际公约已经全面禁止使用地雷，西方军事强国又发展了名为“弹药”实为智能化地雷的高技术兵器。例如，美国装备的第一代智能广域弹药“大黄蜂”，就称为广域反坦克弹药（WAM），以此来回避敏感的“地雷”。西方军事强国除了提高智能化地雷技术水平和作战效能外，还在积极开发研制反坦克和反直升机智能地雷。如美国先后进行了两代“大黄蜂”广域反坦克地雷研制，并于2001年装备部队；俄罗斯则于2004年展示了其自主研制的反直升机地雷。

随着微电子技术、信息技术和智能弹药技术的空前发展，智能地雷家族成员在扩大，还呈现出许多新变化：如充分运用先进传感器技术和网络化技术新成果，重点发展智能雷场；重视新概念技术的应用，拓展地雷装备的作战对象，使之具有对各种低空飞行目标和机场起降飞机等多种目标进行设障、实施封锁和发起攻击作战的能力。各种智能化地雷正在大步走上信息化战争舞台。地雷这个“战场幽灵”没有离开战争舞台，名为“弹药”实为智能化地雷的高技术兵器值得人们关注和认真对待。

你知道吗：地雷

地雷是一种埋入地表下或布设于地面的爆炸性火器，是一种防御武器。地雷历史悠久，种类繁多。由于它具有长期的杀伤作用，对平民威胁极大，现在国际公约已经全面禁止使用地雷了。

地雷怎样攻击直升机

地雷埋设于地表，直升机在空中飞行，地下伏兵怎样攻击空中斗士呢？

军用直升机经常借助山体地形尾随坦克和装甲车辆贴地飞行，雷达发现不了，

俄制反直升机地雷

而它可用机上的反坦克导弹攻击行进中的坦克和装甲车。直升机贴地飞行是它的优势，也是它的弱点。兵器专家就利用了直升机这一弱点，给地雷安装上灵敏的“耳朵”——传感系统，使地雷能够自动探测和识别武装直升机。当武装直升机接近地雷时，它会主动迎上去与之同归于尽。

其实，反直升机地雷是一种智能化地雷，利用传感器探测在低空飞行的直升机发出的噪声信号、红外信号，起爆地雷。反直升机地雷爆炸产生的碎片，对低空飞行的直升机起到杀伤作用。

英国研制的 AHM 反直升机地雷装备有声 / 红外双重传感器和一个具有多个爆炸成形穿甲弹的战斗部。当该种反直升机地雷布设后，声传感器开始工作，探测空中噪声信号。当探测到空中噪声信号时，将地雷战斗部朝向并瞄准目标，同时开启与战斗部同轴的红外传感器。当红外传感器捕获有效目标后，地雷起爆。地雷战斗部装有穿甲弹丸，爆炸成形穿甲弹丸具有足够的能量，可对直升机造成巨大的杀伤、破坏作用。

美国研制的一种声控反直升机地雷，设有声波探测器和数据处理系统，能够感受到直升机飞行发出的噪声信号，经过数据处理系统处理，就能确定目标坐标。作战时，这种反直升机地雷根据需要，可用人工、火箭炮、陆军战术导弹或专门的布雷系统布设在易遭直升机攻击的方向上。当目标接近到一定地界时，地雷就会根据传感器的信号指导升空，并借助其红外自动导引头所确定的最佳爆炸条件将目标击毁。

据海外媒体报道，美国研制的这种声控反直升机地雷，防御范围为半径 400 米、高度 200 米以下的空域，战斗部的有效距离在 100 米以上。能有效地拦阻在防御空域的敌方直升机。通过预编程序，传感器还可关闭雷场，让己方和友方直升机顺利通过设防空域。

俄罗斯也研制成功一种反直升机地雷“旋律 –20”，雷体内装备的声探测器，能够搜索空中噪声信号。当探测到直升机飞行发出的噪声信号后，即可辨明其方向，然后触发红外探测器工作，搜索空中目标。一旦捕捉到目标，与红外探测器联动的发射装置随即射出弹丸，杀伤、破坏在空中飞行的敌方直升机。2006 年 1 月 16 日，驻伊美军一架直升机被伊拉克反美武装的一种“空中简易爆炸装置”击落，这种“空中简易爆炸装置”就是2003年才露面的俗称“旋律–20”的俄制反直升机地雷。

反直升机地雷是低空杀手——攻击直升机的天敌，无论是隐形直升机，还是无人驾驶的直升机都不例外，迫使敌攻击直升机不敢低空飞行。反直升机地雷可以当作防空武器使用，而且是一种廉价的防空武器，是对付低空高技术武器的利器。

想一想

1. 智能地雷为什么能够主动、准确探测、跟踪目标?
2. 地雷怎样攻击直升机?
3. 为什么反直升机地雷可以当作防空武器使用?

1.5 坦克新杀手

炮弹家族历史悠久，有了炮，就有了炮弹。有什么样的火炮，就有什么样的炮弹与之配套。炮兵，被称为“战争之神”，而“战神”再神，离不开炮弹，火炮是靠炮弹来杀伤敌人，起到战斗作用的。

炮弹是一个庞大的家族，家族内有众多成员。其中，有专门用来打倒坦克的炮弹，它们构造特殊，战斗作用独特。科学技术的发展，使得炮弹家族中坦克杀手成员增多，出现了许多新杀手。

坦克三杀手

炮弹家族中专门有一族是用来对付敌方坦克的，是坦克杀手。

穿甲弹，又称动能弹，以打坦克为主业，能够穿过坦克装甲。穿甲弹种类很多，有全口径尖头穿甲弹、全口径钝头穿甲弹、全口径被帽穿甲弹、次口径超速穿甲弹。现在使用的穿甲弹是长杆式尾翼稳定超速脱壳穿甲弹，可对付装有复合装甲的坦克。

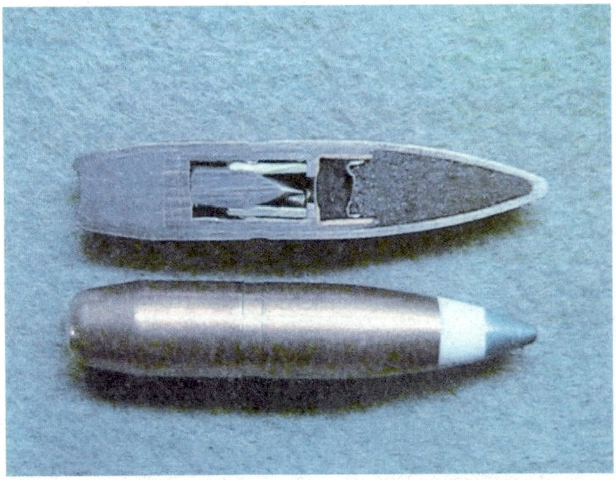

穿甲弹

破甲弹是利用炸药的“聚能效应”来杀伤坦克的，它由弹体、空心装药、金属药形罩和起爆装置组成。当它击中目标爆炸时，炸药所产生的高能量集中在金属药罩上，并在瞬间将其融化成为一股细长的高速度、高压力、高温度的金属射流，能够穿透坦克装甲，会破坏坦克内的设备，杀伤乘员，并引起坦克内燃油料燃烧，甚至诱爆坦克车体内储存的弹药，产生“二次杀伤效应”。

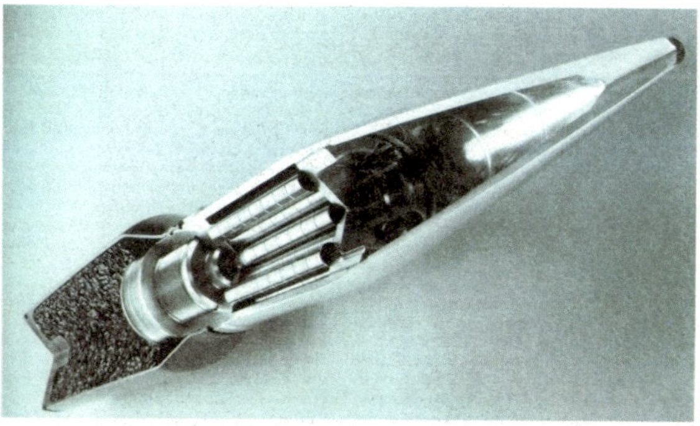
钨合金穿甲弹

由于坦克装甲性能和坦克防护力的提高，穿甲弹、破甲弹的效能有所限制。20 世纪 60 年代，英国研制成功了一种新的反坦克弹种——碎甲弹。它不是穿甲、破甲，而是碎甲，其结构特征是在较薄的弹体内包裹着较多的塑性炸药，当碎甲弹命中目标时，受撞击力的作用，弹壳破碎后就会像膏药一样紧贴在装甲表面上。当引信引爆炸药后，产生的冲击波作用于装甲上，使装甲的内壁破碎，崩落一块数千克的破片和数十片小破片，这些高速崩落的破片，可杀伤车内乘员，损坏车内设备，从而达到使目标失去战斗能力的目的。

碎甲弹能对均质装甲起到良好的破碎作用，由于碎甲弹装药量较多，爆破威力较大，可以替代榴弹以对付各种工事和集群人员。但是，碎甲弹对付屏蔽装甲、复合装甲的能力有限。

你知道吗：炮弹构成

炮弹是火炮射击的弹药。通常由弹丸、引信、发射药、底火等构成，靠弹丸来杀伤目标。

贫铀穿甲弹

贫铀穿甲弹是坦克新杀手，它是利用制造原子弹的铀的下脚料——贫铀作弹

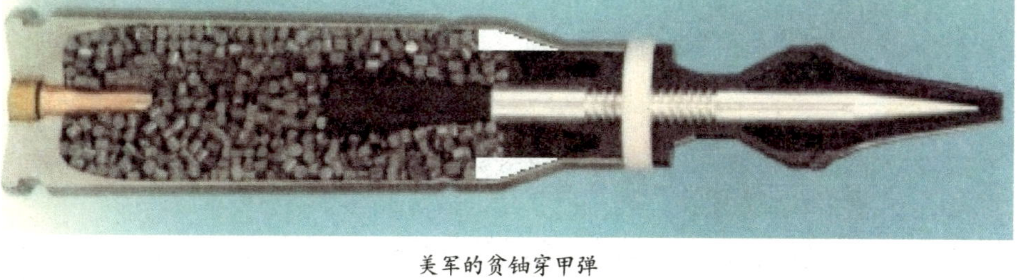
美军的贫铀穿甲弹

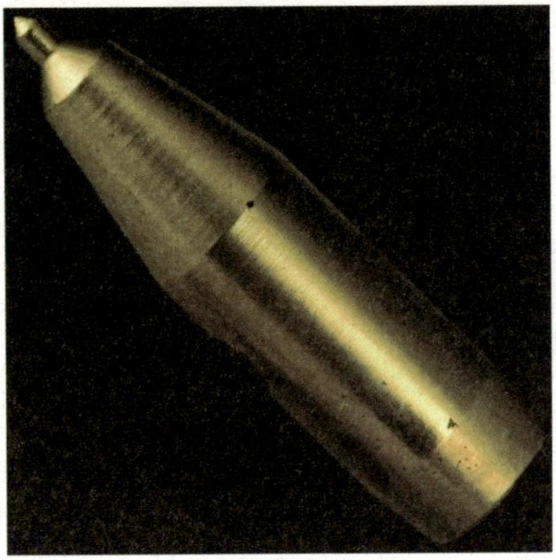
美军的贫铀穿甲弹

芯材料制成的炮弹。

贫铀合金具有密度高、强度大、硬度高、韧性好等特点，所以可用于制造打坦克的穿甲弹。贫铀穿甲弹可以做成细长形。由于它的直径小、飞行阻力小，炮弹到达目标处速度快，具有较高动能，提高了弹丸的穿甲能力。还由于金属铀燃烧效果好，当弹芯命中目标后，温度急剧升高，连钻孔带燃烧，很快便能穿透敌方装甲。

贫铀弹爆炸时，能产生高温化学反应，穿透力极强，能方便地穿透坦克装甲，是对付现代主战坦克的利器。在 1991 年海湾战争中，美军利用贫铀穿甲弹击穿了伊拉克 T-72 坦克 200 毫米厚的主装甲，还掀掉了它的炮塔，收到了神奇的效果。

海湾战争中，美军就大量使用了贫铀弹，具体数量秘而不宣。有估计可能超过 80 万枚，总计约 3 200 吨。当时曾大出风头的“坦克杀手”A-10“雷电”攻击机，就靠使用贫铀弹摧毁了上千辆 T-72 坦克。

由于贫铀具有一定的放射性，属于核武器的一种变体，对人体及自然生态环境危害极大，所以遭到环保人士谴责，为世界人民所反对。

你知道吗：贫铀与贫铀弹

贫铀是从金属铀中提炼出核材料铀 -235 以后得到的副产品，其主要成分是放射性较弱的铀 -238，故称贫化铀，简称贫铀。贫铀弹是指用高密度、高强度、高韧性的贫铀合金做弹芯的炮弹和炸弹。

装有多弹头的子母炮弹

子母炮弹是又一种坦克新杀手。以母弹作为载体，内装有多枚子弹的炮弹，子弹从几枚到几十枚，甚至几百枚不等。子母炮弹可由火炮或多管火箭炮发射。

子母炮弹比普通炮弹破片密集度大，杀伤范围大。这是因为子母炮弹里装有几个甚至一二百个子弹，每个子弹实际都是小炮弹。子母炮弹被发射后，飞到目标上空时，时间引信按预定时间点燃抛射药，将子弹抛出。子弹靠离心力作用，沿母弹飞行路径飞散，同时打开翼片或尼龙带（伞）进行定向；子弹的引信被解脱保险，着地后就爆炸。

子母炮弹

有的子母炮弹可由引信点燃抛射药再将子弹抛到 1 米多高，通过延期雷管使其点爆；或是子弹落到目标上后，通过引信作用，使空心装药产生金属射流来破甲和弹体产生破片来大量杀伤人员。

子母炮弹的子弹可以是杀伤弹、反装甲杀伤弹、榴霰弹、烟幕弹等。用于打坦克的子母炮弹用的是杀伤弹、反装甲杀伤弹。子母炮弹是大面积击毁坦克的有效武器之一。当母弹被送到坦克群上空爆炸后，事先装好的许多子弹会飞出，扑向坦克，给坦克致命的打击。

子母炮弹可用大口径火炮、火箭炮发射，也可以战术导弹发射。大口径火炮和火箭炮可以把子母炮弹射到几千米到几十千米的目标上空去。战术导弹可以把它送到上百千米外的敌人后方，打击敌军纵深内集结的或行进间的坦克。在射程很远的战术导弹上配置反坦克子母炮弹战斗部更为有效。

美国在 20 世纪 50 年代末就开始研究子母炮弹，曾在越南战场上试用过，现已有几种子母炮弹被列为制式弹。如美国 M509 式 203 毫米及装甲杀伤子母炮弹，共装 195 个子弹，每个子弹的破甲深 63.5~76.2 毫米，杀伤面积 1.4 平方米。

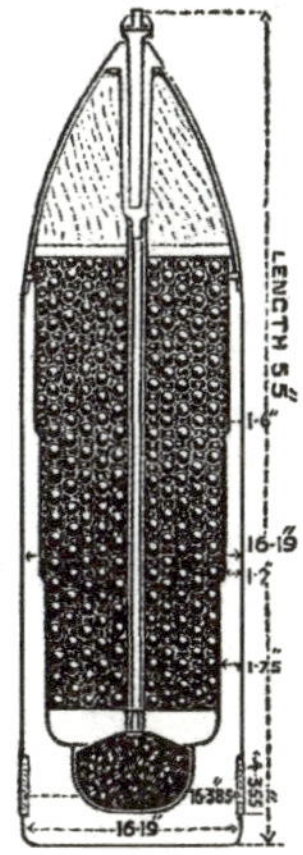

子母炮弹

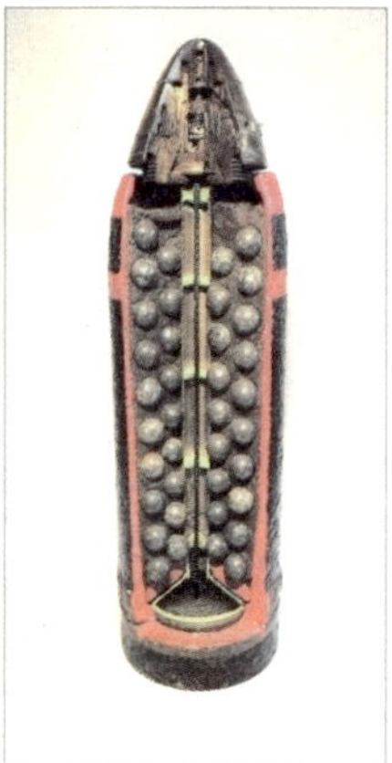

子母炮弹

在海湾战争后，美国曾研制了一种用多管火箭炮发射的 XR—M77 增程子母炮弹。它的弹体内有 518 枚子弹，还装有火箭发动机，射程达到 45 千米，作战威力大大提高。

有一部分子母炮弹还带有智能，它们的子弹是带制导系统的，这种子弹在降落过程中，弹体上的制导系统开始工作，不停地搜寻目标。当确定目标位置后，便将子弹导向目标，将目标摧毁。

你知道吗：子母炮弹

子母炮弹是由一枚母弹和多枚子弹组成的弹药，分为子母炮弹和子母炸弹。子母炮弹重点是用来对付远距离的敌方坦克群。

想一想

1. 为什么要发展子母弹炮弹？
2. 为什么要禁止使用贫铀穿甲弹？

1.6 有“特异功能”的炮弹

炮弹不长眼睛，传统火炮只求密集度不求精度，是靠密集炮火来摧毁目标，压制敌人火力。科学技术的发展，使得炮弹有了“特异功能”，有的有“眼睛”，有的有“耳朵”，还有的有了“智能”，它们成了炮弹家族中的新一族。

有“耳目”的侦察炮弹

侦察炮弹是一种长有“耳目”的特种炮弹，因为有了能用于战场观察的“耳目”，它的战斗任务也发生了变化，由战场突击手变成了战场侦察员。

电视炮弹是一种长有“眼睛”的炮弹，炮弹里装有电视摄像和发射装置，在它的弹体内装有弹射药、降落伞和微型电视箱。在微型电视箱内装有摄像机等军事侦察设备。

电视炮弹由火炮发射，当它在目标上空炸开后，由弹射药爆炸所产生的火药气体压力将弹体内的微型电视箱弹出，上面连着的降落伞自动打开，电视箱不断旋转，慢慢降落。在这个过程中，电视箱内的电视摄像机将阵地上的军事目标拍摄成图像，并把图像转换成电信号，传输到后方指挥部。当电视箱降落到地面后会自行销毁。

电视炮弹通过摄像机、传感器等电子设备，对目标进行侦察、探测。电视侦察炮弹进行侦察具有安全、可靠、图像清晰等特点，尤其适于在空中侦察条件受限时使用。如美国正在研制的XM185式电视侦察炮弹，可用155毫米榴弹炮发射。

发射侦察炮弹

还有一种长有“眼睛”的视频成像侦察炮弹，它利用弹丸向前飞行和旋转，使弹载传感器的视场作动态变化，对飞越的地形进行扫描，可实施对空中和地面的侦察并发现目标。其引信内还装有 GPS 接收机，可接收 3 个或更多 GPS 卫星信号，以实现对目标的精确跟踪。

窃听侦察炮弹是一种长有“耳朵”的特种炮弹，它的“耳朵”就是一种能感知声响的传感器。战场上发出的各种声响可以被它感知，由此可以探测人员的运动和数量情况，还可通过人员的说话声判断其国籍，如目标是车辆，则可判断车辆的种类。

你知道吗：侦察炮弹

侦察炮弹是一种特种炮弹，通过装在炮弹上的摄像机、传感器等电子设备，对目标进行侦察、探测，使炮弹战斗作用发生了变化。

有智能的末敏弹

末敏弹是一种有智能的炮弹，能够在弹道末段探测目标，使战斗部朝着目标方向飞去，提高命中精度。

末敏弹和普通炮弹不同，普通炮弹在飞行过程中，由于受到风向等影响，会产生射击偏差，或者由于目标在运动，炮弹无法精确命中目标。所以，射程一远，普通炮弹就很难保证能精确命中目标。而末敏弹从炮管发射出去后，经过一段时间的飞行，在弹道的末端，会开启弹上的敏感器系统，从半空中搜索和定位目标，在确认目标并锁定方位之后，再针对性地用弹头攻击目标。

这样，原本在十几千米甚至几十千米外的瞄准发射，就等于先在十几千米外由大炮瞄准一次，等发射到了敌人头顶上，再用炮弹自带的敏感器瞄准校正一次，从而提高了炮弹命中率。还由于末敏弹是从上方发起的居高临下的攻击，正好对准目标的顶盖，恰好是装甲车辆的薄弱环节之一，比起前部和侧部的装甲更容易被击破。而且，末敏弹的弹头不但可以穿透装甲，在它的高速撞击下，还会迸射出大量碎片，从而对坦克内部的人员、装备造成很

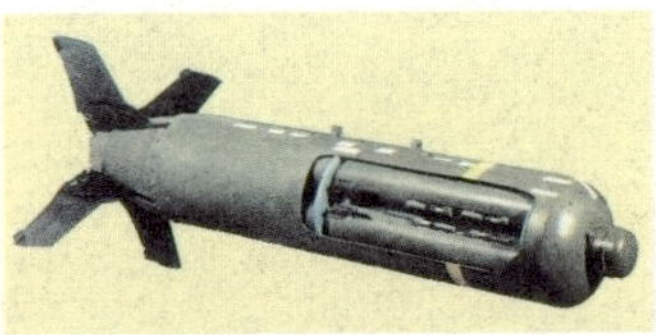

末敏弹

大杀伤和破坏。

所以，末敏弹具有作战距离远、命中率高、毁伤效果好、效费比高等优点。特别适合于攻击装甲车辆的顶装甲，用于对付敌人的坦克、自行火炮和各种战斗车辆。

在2003年的伊拉克战争中，美军多次发射末敏弹，用于攻击沙漠中逃逸的伊拉克集群坦克，取得了令人瞩目的战果，成了不折不扣的“坦克杀手”。

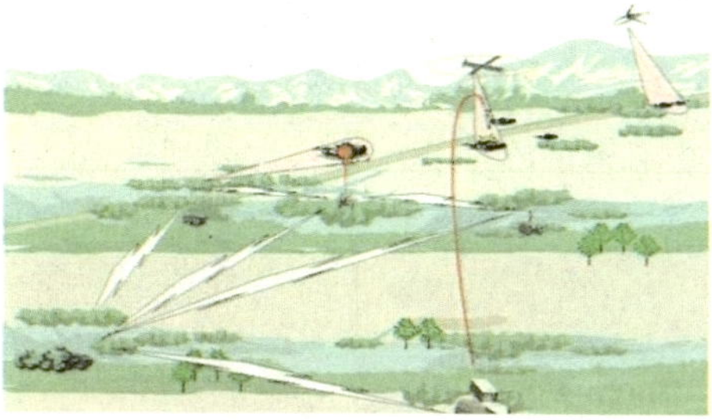

末敏弹打坦克

末敏弹打坦克

你知道吗：末敏弹

末敏弹，又称末端敏感弹药，由母弹和发射装药组成。母弹包括弹体、时间引信、抛射结构、末敏子弹等。末敏子弹由减速减旋与稳态扫描系统、敏感器系统、中央控制器、先进战斗部、电源和子弹体等组成。

扰乱敌方的电子干扰炮弹

电子干扰炮弹是一种用于电子战的新武器，弹体内装有电子干扰机。电子干扰炮弹发射到目标上空后，在弹体引信作用下，电子干扰机从炮弹体内抛出，同时打开自动尾翼，使电子干扰机平稳降落。

军舰在发射电子干扰炮弹

电子干扰炮弹中的电子干扰用于发射干扰电波，扰乱敌方的通信系统、制导系统，使敌方通信中断、雷达迷盲、制导武器失去控制。

按照电子干扰方法不同，干

扰炮弹主要有通信干扰炮弹、声音干扰炮弹和箔条干扰炮弹 3 种。

通信干扰炮弹发射后，通过释放电磁信号，破坏或切断敌方无线电通信联络，使其通信网络产生混乱。在不良天候和昏暗条件下特别适用。海湾战争中，美军曾用 155 毫米通信干扰弹干扰伊拉克的无线电通信网，起到了效果。

声音干扰炮弹是专门用以干扰敌方指挥信息接收的弹种。该弹发射后，能接收到敌方人员发出的各种指挥口令，并可通过转换模仿敌方声音再发送出去，从而指挥调动敌军，使之真假难辨。

箔条干扰炮弹是一种在弹体内装有大量金属箔条块，通过火炮发射，用于干扰敌方雷达回波信号的炮弹，它可以广泛地用于电子战。

你知道吗：电子干扰

电子干扰是使敌方电子设备和系统丧失或降低效能所采取的电波扰乱措施，是电子对抗的组成部分。发射电子干扰炮弹是电子干扰的一种方法。

诱骗导弹的“热狗”

导弹武器中有一种利用红外制导的导弹，用于对付行进中的运动目标。而诱饵炮弹是专门用于诱骗红外制导的导弹。德国研制的 76 毫米“热狗”红外诱饵弹就是这一类炮弹，它发射后两秒钟即可形成红外诱饵，诱骗来袭的红外制导导弹。

所谓诱饵炮弹就是一种通过辐射强大的红外线，从而制造出一个与所保护目标相同的红外辐射源，进而引诱红外导弹上当受骗的新型炮弹。诱饵炮弹按照原理和构造不同，有烟火型诱饵弹、复合型诱饵弹和燃料型诱饵弹等类型。

战机在施放诱饵弹

烟火型诱饵弹弹体内装填烟火剂，发射后引燃烟火剂。烟火剂燃烧，辐射大量红外线，以此来诱骗来袭的红外制导导弹。

复合型诱饵弹既能辐射红外线进行红外线欺骗干扰，又能通过抛撒金属箔条实施无源性雷达电子干扰，这是一种专门对付红外与雷达复合制导导弹的干扰武器。

燃料型诱饵弹是一种向威胁区投射诱饵燃料，引诱红外制导导弹发生误差的干扰弹药。德国的“热狗”就是一种燃料型诱饵弹。

你知道吗：红外制导？

红外制导是利用红外探测器来捕获、跟踪目标辐射的能量，实现寻地制导的技术。红外制导技术是精确制导武器一个十分重要的技术手段。

想一想

1. 侦察炮弹为什么有“耳目”？
2. 为什么末敏弹作战距离远、命中概率高？
2. 诱饵炮弹怎么能诱骗导弹？

1.7 陆军骄子——主战坦克

现代战争史上，凡大规模陆上战争都有坦克参与，从第一次世界大战、第二次世界大战，到中东战争、海湾战争都有坦克参战。在陆地战场上到处可以看到坦克的身影。而且，每次陆战，通常由坦克拉开战争序幕，坦克冲在最前面，用它猛烈的炮火，摧毁敌方阵地，带领步兵去夺取胜利。

海湾战争是第二次世界大战之后参战国最多、一次性投入兵力最大、投入的兵器最多最先进、空袭规模最大、战况空前激烈和发展异常迅猛、双方伤亡损失又极其悬殊的一场现代高技术局部战争。

海湾战争坦克战证明了坦克仍然是陆战场上的主角，是陆军骄子，在较长一段时期内，“陆战之王”仍有不可取代的突击作用。

作战坦克种类

作战用坦克按其质量与火力，分为轻型、中型、重型三种。轻型坦克质量在20吨以下，坦克炮口径最大为85毫米；中型坦克质量为20 ~ 40吨，坦克炮口径最大为105毫米；重型坦克质量在40吨以上，坦克炮口径最大为122毫米。重型坦克火炮威力大，车体装甲厚，防护能力强，就是机动性差。

在第二次世界大战中，德国的“虎”式重型坦克质量为68吨，装甲厚18厘米，像一头巨兽，耀武扬威地前进。由于它的机动性差，遭到苏联红军的打击，许多重型坦克变成一堆废铁，动弹不了。

豹2主战坦克

20世纪60年代后，出现了一批新型战斗坦克，它们的火力、防护能力达到或超过昔日的重型坦克，又克服了重型坦克机动性差的缺点，特别能战斗。所以，人们把它称为“主战坦克”。

主战坦克的出现受到各国军事部门的重视，一些军事大国投入大量人力、物力，纷纷从事主战坦克的研制与发展。主战坦克从诞生到现在已经发展了三代。从 20 世纪 80 年代以来，高新技术纷纷用于主战坦克，许多国家相继推出自己的新一代主战坦克，如美国的 M1A2、德国的“豹 2”、法国的“勒克莱尔”、英国的“挑战者”、俄罗斯的 T-80U 等主战坦克，它们都是当今世界上主战坦克的佼佼者，都想争雄称王，成为各自国家的“陆军骄子”。

M1A2 主战坦克

海湾战争为现代主战坦克提供了展示的舞台，各种主战坦克在海湾战争中进行了充分表演。

你知道吗：主战坦克

主战坦克是在战场上担负主要作战任务的战斗坦克。它是在 20 世纪 60 年代由重型坦克和中型坦克发展演变成的一种具有现代先进技术特征的坦克。它具有坦克炮口径大、射程远、射速快、威力大、防护能力强等特点。

海湾战争坦克战

1991 年 1 月 17 日，以美国为首的多国部队发动代号为“沙漠风暴”的行动，作战虽然只持续了 43 天，但它却提供了现代局部战争的许多新鲜经验和教训。在这场战争中，各种高技术兵器纷纷亮相。以美国为首的多国部队和伊拉克部队，投入大量坦克及各种装甲车，进行了二战以来最大的坦克战。

参战的坦克，伊拉克有 3 000 多辆，主要型号为苏制 T-62、T-72、T-54、T-55 主战坦克。多国部队在该地区共部署 3360 辆各型坦克，主要型号为 M1、M1A1、M60 和“挑战者 1”、AMX — 30 等主战坦克。在数万平方千米的沙漠中，交战双

海湾战争坦克战

方共集聚了8000余辆坦克，上万辆步兵战车、装甲人员输送车、装甲侦察车、两栖突击车和轻型快速突击车。

2月24日，代号为“沙漠军刀”的多国部队地面进攻由坦克战拉开了帷幕。首先发起攻击的是美海军陆战第1师，由M–60坦克和“眼镜蛇”直升机打头阵，在黑夜里跨过边界攻入科威特。24日晚，中央攻击集团主力美第7军与伊军装甲部队展开了坦克遭遇战。美军在战斗中采取“超射程战法”，专门在伊军坦克有效射程以外发起攻击，屡屡得手。在10分钟内击毁了伊军40余辆坦克。坦克战初战告捷。

26日拂晓，美第7军挥师东进。那日，萨达姆命令他的部队撤出科威特。26日凌晨，伊军大量的坦克、装甲车弃阵北逃，美军的飞机、坦克、装甲战车乘机扫荡，几小时内，摧毁伊军坦克装甲车辆约1500辆。黄昏时分，美第3装甲师按预定计划向东推进，攻入共和国卫队塔瓦卡尔那机械化师的防区，那里的伊军部队不仅拥有大量坦克，而且有预先精心构筑的防御阵地。美第3装甲师发起了猛烈攻击，开始，伊军坦克进行了还击。但是，美军M1A1坦克是用昼夜两用热像仪捕捉目标，在2~3千米的距离上瞄准、发射贫铀弹，有300多辆伊军坦克被摧毁。

27日，美第7军向伊军共和国卫队发起了带有决战性质的进攻。伊军组织200多辆坦克进行阻击。美第1、第3装甲师在第18空降军一部的配合下，以800多辆坦克对该部伊军实施包围，并在空中火力支援下，将被围的伊军装甲部队全歼。28日，多国部队强大的坦克部队攻占了科威特全境和伊拉克南部的广大地区。萨达姆被迫宣布无条件接受联合国12项决议。美军以打扫战场为名，最后又扫荡了伊拉克

海湾战争坦克战

军队 600 多辆坦克和 650 辆装甲车。上午 8 时，地面战役宣告结束。

在 100 小时的地面战斗中，据美军宣布，伊军共损失坦克 3300 辆，而美军只损失了 7 辆 M1 坦克。

在海湾战争中，美国军队和多国部队以最少的武器装备损耗率和最少的人员伤亡率，夺取了这场战役的巨大胜利，这在近代战争史上堪称是独一无二的。战争硝烟散尽后我们也不难看出，坦克仍然是陆战场上的主角，在较长一段时期内，“陆战之王”仍有不可取代的突击作用。

你知道吗：M1 坦克

M1 坦克是美国研制、生产的第三代主战坦克。M1 系列主战坦克主要有 M1、M1A1 及最新型号 M1A2，装有全新的装甲和电子设备。M1 系列主战坦克在 20 世纪 80 年代后历次参与美国对外大规模军事行动，是让美国陆军引以为傲的装备，也是美国陆军的代表。

“落后要挨打”

第三代主战坦克具有以下特点：

第一，战斗威力强。第三代主战坦克配备有口径为 120 毫米以上的坦克炮，多数采用滑膛炮，只有“挑战者”仍使用线膛炮，其中俄罗斯的 T-80U 上的滑膛炮口径达到 125 毫米。这些主战坦克的坦克炮使用了多种威力强大的穿甲弹，有尾翼稳定的脱壳穿甲弹，有贫铀穿甲弹，如美国的 M1A2 主战坦克使用贫铀穿甲弹，穿甲能力为同类弹种的 2 ~ 3 倍。

第二，技术装备先进。第三代主战坦克上大多数装备有先进的火控系统，有激光测距仪、弹道计算仪、热成像仪、夜视瞄准仪等。在西方国家的主战坦克上，装备了大量先进技术装备，配备有数字式火控计算机，并大量配备自动传感设备。如法国的“勒克莱尔”主战坦克上实现了高度自动化、电子化。正是这样，新一代主战坦克具有全天候作战能力，不论白天、黑夜、狂风暴雨均可出动，精确地瞄准、射击，消灭敌方目标。

第三，机动灵活。第三代主战坦克上装有大功率发动机，其中美国的 M1A2 主战坦克上采用了燃气涡轮发动机，功率约为 1 100 千瓦，其结构简单、质量小、体积小。在西方国家的主战坦克上配备有全自动液压式变速箱，可以在一定范围内

海湾战争中击毁的坦克被丢弃在沙漠里

无级变速，原地转向，提高了机动性。在这些坦克上还配备有先进的导航系统，能大幅度提高坦克的灵活性与作战效率。其中，法国的“勒克莱尔”主战坦克上装有高度自动化的指挥、通信管理系统，其作战机动性能堪称第一。

第四，防护能力强。第三代主战坦克车身低，目标小，车体上配备新一代复合装甲。在法国的“勒克莱尔”上，车体和炮塔内层由钢板焊接而成，外层加装模块化陶瓷复合装甲或反应装甲，特别能抵御反坦克动能弹、聚能弹的攻击。俄罗斯的T–80U主战坦克，在炮塔前缘加装弧形叠层陶瓷复合装甲，外层加装了反应装甲，进一步提高了防护能力。美国的M1A2和德国的“豹2”，车体和炮塔均加装了复合装甲，并加强了车顶防护能力，车内安全设计也进一步强化，成为现代主战坦克中防护能力最强的坦克。

海湾战争则是主战坦克的较量。海湾战争中，多国部队投入3700辆坦克，其中美国有近2 000辆，如美国的M1系列主战坦克是第三代主战坦克中的佼佼者。伊拉克投入的坦克总数达4 000辆之多，多数是向苏联购买的，其中有T–72主战坦克。总体上来说，多国部队的主战坦克战斗性能要优于伊军坦克，但伊拉克也不至于毫无还手之力。究竟输在哪里?

以美军M1主战坦克与伊军装备的T–72主战坦克来看，存在较大差距。从战斗力看，M1主战坦克战斗力强，它的主要武器是口径120毫米滑膛炮，能以很高的初速发射尾翼稳定脱壳穿甲弹，坦克专用的尾翼稳定贫铀合金弹芯脱壳穿甲弹威力惊人。同时，M1坦克装备有热成像仪，可以在夜间或烟雾条件下识别1500米内的目标，而探测距离远达3000米。而伊军装备的T–72主战坦克配备的是微光夜视仪，最大探测距离800米、甚至更短。在战斗中，M1坦克

被击毁的伊军T–72坦克

在大多数情况下做到了“先发现，先射击”，实现了“先下手为强”的目标。而且，M1坦克有完善的火控系统，而T-72坦克缺乏完善的火控系统，激光测距仪获得的数据需要手动输入至火控计算机，实际上不具备“动对动”射击能力。T-72主战坦克输在传感器乃至整个火控系统上。可以这样说，T-72是比M1落后一代的坦克。海湾坦克战让人们再次领略“落后要挨打”的道理。

想一想

1. 坦克是怎样分类的？
2. 第三代主战坦克有什么特点？
3. 为什么海湾战争坦克战中伊拉克会输得那么惨？

1.8 坦克“专业户”

自从1916年英国制造了第一辆能用于战斗的坦克以来，经过80多年的发展，坦克已成了一个大家族。现在，在坦克家族中，除了用于战斗进攻，作为陆地战场主要突击力量的主战坦克外，还有许多坦克“专业户”，即特种用途坦克。

这些坦克“专业户”具有独特的构造、功能和特种用途。它们能执行特殊的战斗任务，各有各的“专业”。坦克“专业户”活跃在世界各地，发挥着重要作用。

喷火坦克

坦克装上喷火装置就成了喷火坦克。它利用压缩空气的压力，将燃油喷出，在炮口处由点火器点燃，喷射火焰。坦克喷火装置由喷火器、燃烧剂贮存器、高压气瓶或火药装药、控制器等组成。

喷火坦克喷出的火焰，射程可达180米，温度高达800 ~ 1 100℃，使得敌方阵地成为一片火海，烧毁敌人的碉堡、堑壕、军事装备及军事人员。喷火坦克有的只装有喷火器，专门从事喷火；多数喷火坦克以喷火器为辅助武器，以火炮和机枪为主要武器，既可喷火，也可开炮。

俄罗斯的一种喷火坦克

喷火坦克可以用于穿越地雷区，摧毁敌人的火力强大的堡垒、沟壕内目标。用于在近距离内喷射火焰，杀伤有生力量和破坏军事技术装备等。

喷火坦克最早出现在1935 ~ 1941年意大利对埃塞俄比亚

战争中，意军首次使用喷火坦克。第二次世界大战期间，喷火坦克得到广泛使用，如英国“鳄鱼”喷火坦克，苏联OT-34喷火坦克等。这些喷火坦克，携带喷射燃料200 ~ 1 800升，可喷射20 ~ 60次，喷火距离60 ~ 150米。战后，美国将M4A4、M5A1、M48A2等战斗坦克改装成多种型号的喷火坦克，

美国于20世纪60年代在越南战场上就使用喷火坦克，使越南军民蒙受重大损失。20世纪70年代以后，随着喷火器的发展，喷射距离已超过200米。

两栖坦克

两栖坦克是一种特种坦克，可以在陆地行驶，又能涉水过河，在江河、湖泊甚至浅海水面行驶。两栖坦克有专门制造的，也有用一般战斗坦克改造成的。

俄罗斯PT-76轻型两栖坦克

专门制造的两栖坦克构造特殊，它的车体是密封的，用薄钢板焊成，以增加浮力。它是靠车体的浮力飘在水面。在两栖坦克尾部装有推进装置，有的装螺旋桨，有的装喷水推进器，还有的装上特殊履带，能划水前进。

改造而成的两栖坦克，多半是由中型坦克改制，这种两栖坦克不能靠自己的浮力漂在水面上，它是在发动机上加装长长的进气管和排气管，只能在5~6米深的水里行进，两根管子要露出水面，靠自己的履带在水底的土上前进。由于受管子长度的限制，所以一般不下深水，只能在近岸行进。

俄罗斯PT-76轻型两栖坦克

两栖坦克多半采用半潜式行进，涉水过河；也有的干脆在水底行进。两栖坦克能水陆两用，用于登陆、沿岸警戒，凭借其强大的机动性发挥作用。特别适合于参加登陆作战。第二次世界大战中，盟军就用登陆舰船运送两栖坦克，在诺曼底海岸登陆，快速地突破了德军防线。

扫雷坦克

扫雷是工兵的任务，装有扫雷装置的坦克便是扫雷坦克，用在地雷场中为坦克开辟通路。扫雷坦克通常在坦克战斗队形内边扫雷边战斗。

“野猪”扫雷坦克

扫雷坦克上装有扫雷器，用于扫除地雷。扫雷器种类很多，有机械扫雷器和爆破扫雷器。

机械扫雷器按工作原理有以下三种：

一是挖掘式扫雷器，利用带齿的犁刀将地雷挖出并排到车辙以外。它像耕地用的犁，把埋设在地下的地雷翻出地面，推向坦克两侧。

二是滚压式扫雷器，像压路机的滚筒，利用钢质辊轮的重量压爆地雷。它由坦克拖着，边开边滚，压爆埋在地下的地雷。滚压式扫雷器在第一次世界大战末期就出现了，英国就试装了滚压式扫雷器进行扫雷作业。

三是打击式扫雷器，利用运动机件拍打地面，比如利用钢索或链杆来拍打地面，把地雷引爆。

爆破式扫雷器是利用爆炸装药的爆轰波诱爆或炸毁地雷，开辟通道。爆炸装药通常为单列柔性直列装药，由火箭拖带落入雷场爆炸。与机械扫雷器相比，其开辟通道宽度迅速，发射隐蔽，清除较彻底。

由于多数反坦克车底地雷使用磁感应引信，一些国家已开始研制磁感应挖掘式扫雷器，用于清除反坦克车底地雷。

“野猪”扫雷坦克在作业

为了适应在复杂条件下的扫雷需要，一些国家在坦克上安装了挖掘和滚压相结合、挖掘和爆破相结合的混合扫雷装置。许多国家在发展扫雷坦克的同时，还研制和装备了各种专用装甲扫雷车。如苏联在ПТ-76坦克改进型的底盘上安装了三具火箭爆破扫雷器。美国装备了爆破和挖掘相结合的 LVTE 装甲扫雷车。

现代科学技术的发展促进扫雷坦克的发展。德国研制的新型扫雷坦克“野猪”是集高新科技于一身的新成果。“野猪”集多种扫雷功夫于一身，它的扫雷器具与液压机械传动装置匹配，在液压驱动的扫雷器轴上有钢链悬挂着 24 个扫雷具，因其形状似象脚，故绰号叫“大象足扫雷具”。每个“大象足”碰到障碍时，或“踏上”击毁，或将其“踢”出。“野猪”还具有一定的防护能力，它有一个铸钢做成的车体，有抗地雷爆炸的能力。

现在，扫雷坦克成了现代工兵的扫雷装备，扫雷坦克可随坦克部队一起行进，为主战坦克开路，在雷场中打开通道。

你知道吗：扫雷坦克

扫雷坦克是一种特种坦克，工兵部队用它来进行扫雷作业。扫雷坦克装有扫雷器，用于扫除地雷。可在地雷场中为坦克部队开辟安全通路。

架桥坦克

架桥是工程兵的任务，执行架桥任务的坦克便是架桥坦克。架桥坦克也叫坦克架桥车，是坦克大家族中执行工兵任务的特种坦克。

架桥坦克的车顶上没有炮塔，代替坦克炮的是一座扁平的可以伸缩的钢桥。当架桥坦克行驶到河边后，便能迅速地把折叠的桥梁一头抬起，然后一节一节放开，桥梁的另一头就搭到了水中，20 多米长的浮桥便在河中架起。

一辆架桥坦克架完桥后，另一辆可以接上前一段浮桥。一辆接一辆，一座战地浮桥就这样架成了。一般架桥时间为 2 ~ 10 分钟，收桥时间为 5 ~ 10 分钟。步兵、坦克、火炮、车辆便可从浮桥上通过，顺利地渡过江河。

架桥坦克

中东战场上，以色列军队就靠这些架桥坦克渡过苏伊士运河，对埃及进行了偷袭。

多种多样的特种坦克

特种坦克执行特种任务，按照执行任务的不同，出现了种类繁多的特种坦克，它们的构造不同，性能不一样，用途自然也不同。

侦察坦克，机动性好，装备有完善的观察、通信设备，能用于战地侦察，还可为步兵进行火力支援。

指挥坦克，是坦克群的核心，装有通信、指挥设备，用于战斗指挥。

运输坦克，运送弹药、燃料和作战物资，为主战坦克进行补给。

抢救坦克，装有机床、电焊机、起重机及各种修理工具与坦克器材，用于对己方受伤坦克的抢救与维修，成为战地坦克的修理厂，能进行快速抢修。

作为坦克“专业户”的特种用途坦克，为适应未来战争需要，其装备会更新，性能会提高，用途会扩大，甚至会出现许多新的坦克“专业户”，它们在未来陆地战场上还将占有一席之地，继续发挥其独特的作用。

想一想

1. 坦克为什么会喷火？
2. 两栖坦克涉水过河奥秘在哪里？
3. 架桥坦克怎样在江河上架起浮桥？

1.9 坦克的克星

坦克问世以后，发展迅速，很快成了陆地战场上的主要突击力量。

为对付坦克，出现了许多反坦克武器：反坦克手榴弹、反坦克炸药包、反坦克地雷、反坦克火炮、反坦克火箭等。它们都是坦克的“天敌”，对坦克构成一定威胁，在一定程度上挫伤了坦克的进攻锐气。但是，它们还不能有效地对付坦克的进攻。

自从反坦克导弹问世以后，它成了坦克的克星，是坦克真正的“天敌”。

“小红帽”的夭折

在第二次世界大战后期，德国为了对付苏军的坦克，于1943年开始，秘密研制一种名叫“小红帽”的新武器。

这种名为“小红帽”的新武器是一种火箭和穿甲弹的结合体。它的战斗部是一个穿甲弹，装有威力强大的破甲炸药，能穿透坦克装甲；火箭作为动力，提高了射程。特别引人注目的是“小红帽”配备有制导装置。

德国武器专家为“小红帽”设计了两套制导方案：一套是无线电制导，另一套是有线制导。由于受当时技术条件的限制，无线电制导没有成功，只好采用有线制导的制导方案。实际上，“小红帽”就是最早的反坦克导弹。

反坦克导弹

1943年，这种反坦克导弹开始设计，1944年2月，德国制定了研究这种武器的应急计划。经过半年多努力，“小红帽”研制成功，正式命名为“X–7”，并进行生产。很快，几百枚“小红帽”反坦克导弹被生产了出来。但是，战局急转直下，“小红帽”反坦克导弹还未投入战斗，德国便战败了。这样，世界上最早出现的反坦克导弹，未能参与坦克决战就夭折了。

你知道吗：反坦克导弹

反坦克导弹是用于击毁坦克和其他装甲目标的导弹，由战斗部、动力装置、弹上制导装置和弹体组成。

反坦克导弹家族

第二次世界大战后，反坦克导弹作为一种新型武器得到飞速发展，并发展成为一个专门对付坦克的反坦克导弹家族。反坦克导弹成为真正的坦克克星。

最早一代的反坦克导弹，均是以德国“小红帽”为基础设计的。法国最先开始反坦克导弹的研制，先后研制了“SS–10”、“SS–11”、“SS–12”等型号的反坦克导弹，并在世界上第一个用反坦克导弹装备部队。之后，英国、德国、苏联、美国也相继进行了反坦克导弹的研制。

最早一代反坦克导弹均是在20世纪50年代末开始研制的，它采用光学瞄准、有线传输指令制导。导弹飞行中，射手目视导弹，保持眼睛、导弹、目标始终处在一条直线上。当导弹飞行偏离瞄准线时，射手便发出控制信号，并通过导线传输给导弹，以修正导弹飞行方向，直至命中目标。

第二代反坦克导弹是在20世纪60年代开始研制的，它采用光学瞄准、红外跟踪、半自动有线传输指令制导。第二代反坦克导弹分轻型、重型两种。轻型导弹，弹径小，质量为14千克左右，射程约2千米，适合于单兵使用；重型导弹，弹径大，质量在20千克以上，射程超过4千米，多半用发射筒发射，并可装在车辆和飞机上。

美国陶式反坦克导弹

当今世界各国装备部队的都是第二代反坦克导弹，例如，美国的“陶 –2”、法国宇航公司和德国 MBB 公司联合研制的“米兰 –2”和“霍特 –2”等。它们在 20 世纪 70 年代以后的历次局部战争中，得到了广泛应用。

在 1973 年爆发的第四次中东战争中，交战双方共投入 5 500 辆坦克。以色列共损失 800 辆坦克，其中 80% 被埃及、叙利亚两国的反坦克导弹击毁。拥有坦克优势的埃及、叙利亚两国共损失坦克约 2 000 辆，其中大部分也是被反坦克导弹击毁的。

你知道吗：“陶”式反坦克导弹

“陶”式反坦克导弹是美国研制的一种车载式重型反坦克导弹，它的综合性能在第二代反坦克导弹中处于领先地位，是第二代导弹的典型代表。

反坦克导弹新秀

一个伸手不见五指的黑夜里，一辆坦克乘着黑夜掩护，出现在野战阵地前面。

美国的“海尔法”反坦克导弹

突然，一枚导弹紧紧地盯住了这辆要发起突袭的坦克，导弹正向它袭来。这是新型的反坦克导弹——“坦克破坏者”在进行试验，这种新型的反坦克武器系统为步兵的手提式反坦克兵器。这种反坦克导弹由步兵单人发射，是一种带有红外辐射追踪器的新一代导弹发射装置。它质量小，使用方便，能在各种气象条件下使用。

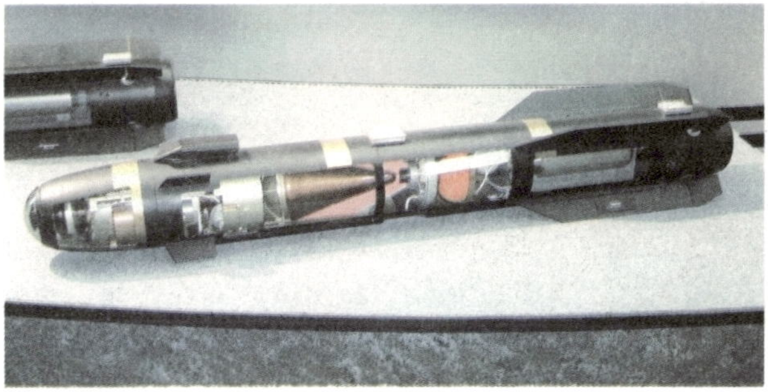

美国的“海尔法”反坦克导弹

“坦克破坏者”导弹属于第三代反坦克导弹。第三代反坦克导弹是从 20 世纪 70 年代中期开始研制的，有单兵使用的，也有装在战车、飞机、直升机上的。它们有一个共同特点是“发射后不用管”，能自行寻找要攻击的坦克。

第三代反坦克导弹种类很多，按照制导方式不同，有以下几种类型：

激光制导反坦克导弹，利用激光器瞄准、跟踪目标，并向目标不断发射激光。导弹上的自动寻的器通过接收目标反射回来的激光，来修正弹道偏差。美国的“海尔法”、英国的“军刀”、苏联的“AT-6”就属于此类导弹。

美国的“海尔法”反坦克导弹在发射

毫米波制导反坦克导弹，通过导弹导引头上的毫米波信号发射源，向目标发射信号，并通过导引头内的接收机接收由目标反射回来的信号，来导引导弹飞向目标。毫米波制导系统体积小、精度高、分辨率高、抗干扰能力强。

红外制导反坦克导弹，利用坦克运动时产生的红外辐射来导引导弹。在“坦克破坏者”反坦克导弹上装有红外辐射导引头，它能搜寻目标的红外辐射，并将搜寻到的目标红外辐射进行聚焦。装有红外辐射导引头的反坦克导弹能够发现在黑夜中活动的坦克。由于坦克活动时，坦克发动机和坦克车身的辐射能被反坦克导弹上的红外辐射导引头发现，并被自动跟踪。红外制导反坦克导弹一旦发现目标，发射装置即进行发射，导弹自行向坦克飞去，寻找袭击目标，选择袭击部位，稳、准、狠地攻击敌方坦克，置其于死地。所以“坦克破坏者”反坦克武器系统被称为“黑夜中的坦克克星”。

美国的“海尔法”反坦克导弹在发射

电视制导反坦克导弹，它的弹头上装有电视摄像机，利用所摄取的电视图像来选择目标，形成制导指令，引导反坦克导弹飞向目标。

你知道吗："坦克破坏者"反坦克导弹

"坦克破坏者"反坦克导弹是美国研制的一种单兵使用的轻型、筒装反坦克导弹。主要用于攻击坦克等装甲目标。最大射程 2000 米，最小射程 50 米，最大射高 150 米。主要由导引头、战斗部、控制舱和动力装置等组成。

1.10“爱国者”出尽了风头

发生于1991年的海湾战争是一场高科技战争，当时世界上的高科技武器都被应用在这场战争中。导弹武器自然也不例外。

在导弹武器中出尽风头的是美国陆军部队装备的“爱国者”导弹，创造了导弹打导弹的记录，使得“爱国者”防空导弹声誉大振。

高科技的结晶

“爱国者”导弹是美国陆军部队研制成功的一种防空导弹，它属于第三代防空导弹，由美国的一家导弹公司研制。

“爱国者”防空导弹由制导舱、战斗部（弹头）、火箭发动机及舵面组成，弹长5.31米，弹径0.41米，弹重1 000千克，战斗部重70千克，还可装3万～5万吨级核战斗部。它的最大射程为100千米，攻击高度在300～24 000米范围内。“爱国者”导弹采用固体火箭发动机作动力，产生巨大的推力可使其速度超过音速的6倍，足以摧毁常规战术导弹或使它们偏离预定轨道。

整个系统由四联装导弹发射车、雷达车、指挥控制车、天线装置车、电源车所组成。导弹就装在一个四联装矩形包装筒内，装在导弹车上。全部系统可以用5辆装载车装载，在陆上进行机动作战。也可装在舰船上运输或用运输机进行空运，快速运到战场。

“爱国者”导弹系统

“爱国者”导弹系统配备了先进的雷达和指挥控制系统，作用范围达160多千米，在探测100多个目标的同时，能控制8枚导弹向多目标实施拦截。这是一种先进的全天候、全空域防空武器，是那个年代的高科技结晶，它能在电子干扰条件下，以强大火力，快速投入战斗，拦截来袭的飞机、导弹。

·小知识·

海湾战争

海湾战争发生于1991年1月17日至2月28日。当时的背景是伊拉克军队入侵科威特，推翻科威特政府并宣布吞并科威特。以美国为首的多国部队在联合国安理会授权下，为维护科威特领土完整而对伊拉克进行了一场局部战争。

“爱国者”大战“飞毛腿”

1991年1月17日，多国部队向伊拉克进行了大规模的空袭。伊拉克为了报复，于1月18日向以色列境内发射7枚地对地“飞毛腿”导弹，第二天又发射了4枚。其后4天，伊拉克又向沙特阿拉伯境内发射了20枚导弹。几次“飞毛腿”导弹袭击，造成的伤亡不大，但影响很大，引起一些国家的不安。

美国为对付伊拉克的“飞毛腿”导弹，在沙特阿拉伯境内部署了“爱国者”防空导弹。1月21日，伊拉克再次向以色列、沙特阿拉伯进行导弹攻击，共发射10枚“飞毛腿”导弹，其中9枚被“爱国者”防空导弹所拦截。

“爱国者”怎样拦截“飞毛腿”呢？

当“爱国者”导弹系统一接到预警卫星或预警飞机传来敌方发射“飞毛腿”导弹的消息后，它的探测装置很快就捕捉到这个“不速之客”，并立刻紧紧地跟踪“飞毛腿”导弹。

大约5分钟后，“爱国者”导弹发射升空，它如离弦之箭，按雷达

“爱国者”导弹在发射

提供的来袭导弹的方向扑去。同时，通过它圆头上的天线，将敌我双方运动的参数不断地发向地面计算机站，计算机进行每秒百万次高速运算，发出新指令。导弹根据新的指令向目标相会点中心步步逼近。

一瞬间，高空中的两颗导弹以每小时12 800千米的速度剧烈相撞，并同归于尽。“飞毛腿”导弹就是这样被拦截的。

在海湾战争中，伊拉克共发射了80多枚“飞毛腿”地地导弹，其中50枚被“爱国者”导弹所拦截，创造了导弹打导弹的记录，使得“爱国者”防空导弹声誉大振，出尽风头。

·小知识·

“爱国者”导弹制导方式

“爱国者”导弹采用了新的制导方式：三段复合制导。在初始段为程序控制；中段为无线电指令制导；末段采用TVM制导，即用半主动雷达寻的与无线电指令相结合的制导。

想一想

1. “爱国者”导弹作业怎样制导？
2. 为什么“爱国者”会大胜“飞毛腿”？

现代海战武器篇

2.1 美国核航母探秘

世界上哪里局势紧张，哪里就有美国核航母的身影，过去是这样，现在仍是这样。美国在东亚地区就部署有核航母，而且，时常让它在东亚地区进行军演，显示其威力。

美国的核航母是什么样的战舰？核航母有什么秘密？

海上浮动机场

航母是航空母舰的简称，是一种以舰载机为主要作战武器的大型水面舰艇。依靠航母，一个国家可以在远离其国土的地方、不依靠当地机场施加军事压力和进行作战。

航母的主要武器装备是它装载的各种舰载机，有战斗机、轰炸机、攻击机、侦察机、预警机、反潜机、电子战机。航母是用舰载机进行战斗，直接把敌人消灭在距离航母数百千米之外的领域。舰载机是航母最好的进攻和防御武器。所以，航母是海上浮动机场。

航母的主要任务是以其舰载机编队，夺取海战区的制空权和制海权。

“企业”号核航母

航母种类很多，有多种分类方法：

按所担负的任务分，有攻击航母、反潜航母、护航航母和多用途航母。攻击航母主要载有战斗机和攻击机，反潜航母载有反潜直升机。多用途航母既载有直升机，又载有战斗机和攻击机。

按满载排水量大小可分为大型航母（排水量6万吨级

以上），中型航母（排水量3万~6万吨）和小型航母（排水量3万吨以下）。其中排水量9万吨级以上的核动力航母称为超级航母。

"企业"号核航母

按舰载机性能分，有固定翼飞机航母和直升机航母，前者可以搭乘和起降包括传统起降方式的固定翼飞机和直升机在内的各种飞机，而后者只能起降直升机或是可以垂直起降的固定翼飞机。

按动力装置可分为常规动力航母和核动力航母。常规动力航母装备的是常规动力装置，如燃气轮机、蒸汽轮机。核动力航母以核反应堆为动力装置。

自从美国建成了核潜艇，美海军认识到核动力优越性后，决定研制核航母。1961年11月，美国第一艘也是世界上第一艘核航母"企业"号建成服役，使航母的发展进入新纪元。美国的"企业"号航母上装备核动力装置，使航母具有更大的机动性和惊人的续航力，更换一次核燃料可连续航行10年。而且，它可以高速地驶往世界上任何一个海域。

1964年，"企业"号航母进行了史无前例的环球航行，历时64天，总航程3万多海里，充分显示了核动力的巨大续航力。越南战争期间，"企业"号上的飞机参与对越南目标的轰炸，这也是历史上核动力航母第一次投入战争。

你知道吗："企业"号核航母

"企业"号核航母是美国第一代核动力航母，舰长331.6米，宽76.8米，满载排水量93 970吨，装8座压水堆，航速33节。舰上携载战斗机56架、电子战机4架、空中预警机、反潜机6架、电子侦察机2架、多用途直升机8架。

“海上巨无霸”——“尼米兹”级核航母

当今世界上，海军军舰吨位最大、技术最先进、战斗力最强的军舰便是美国的“尼米兹”级核动力航母，这是在“企业”号核动力航母基础上发展起来的，它的首制舰是“尼米兹”号，于 1975 年 5 月建成、服役。

“尼米兹”号核航母

作为海上巨无霸的“尼米兹”级核动力航母，不仅具有强大的攻击力，还具有极强的生命力。在其舰体内部有 23 道横隔壁、10 道防火墙，全舰水线以下划分有 2 000 个水密舱，它即使被多枚炸弹、导弹、鱼雷、水雷命中，也不会沉没。由于全舰采用封闭式构造，还具有防核辐射、生物和化学污染能力。所以，它又是目前世界上生命力最强的军舰。

“尼米兹”级核动力航母是美国战略威慑力量的重要组成部分，是美国这个超级大国称霸世界的工具，它曾参与多次局部战争和危机事件。在当今世界上，哪里有战火，哪里有危机，哪里就可以看见“尼米兹”级核动力航母的身影。

1990 年 8 月，发生海湾危机，“尼米兹”级中的二号舰“艾森豪威尔”号穿越苏伊士运河，驶往海湾地区，从西部方向对伊拉克形成战略威胁态势，牵制伊军行动。1991 年 1 月，海湾战争爆发后，“尼米兹”级中的“罗斯福”号进入波斯湾，与其他美国海军兵力一起，对伊拉克进行海上封锁，并空袭伊拉克军事目标。1 月 24 日，从“罗斯福”号起飞的舰载机，用机载导弹，击沉了一艘伊拉克布雷舰，并击伤了另一艘伊军布雷舰。2000 年 3 月，美国、英国发动了伊拉克战争。“尼米兹”级核动力航母中的“华盛顿”号、“杜鲁门”号参与了对伊拉克的军事行动。

“尼米兹”号核航母

如今，“尼米兹”级核动力航母依然是美国重要的战略威慑力量，在地区冲突中发挥重要作用。

你知道吗：“尼米兹”号核航母

“尼米兹”号核航母是“尼米兹”级核航母首制舰，于1975年5月建成、服役。它的标准排水量72 916吨，舰长332.9米，宽40.8米，舰上装有2座核反应堆，航速30节以上，舰上可搭载90架各种类型战机，必要时舰载机可超过100架。除了装备舰载机外，还装有3座八联装导弹发射装置。

“尼米兹”号核航母

美国核航母的新成员

美国是现在世界上拥有最多、排水量和体积最大、舰载机搭载数量最多、作战效率最强大，而且全部是核动力航母的国家。现在，美海军现役航母11艘，全是“尼米兹”级核航母。

但是，“尼米兹”级核航母存在缺陷，主要是隐蔽性较差。另一个问题是核航母动力不足，难以满足未来电磁弹射器、新概念武器、先进武备升降机等多种新

“福特”号核航母

型武器与设备的需要，需要增强核航母动力。

这就催生了“福特”级新航母的诞生。“福特”号航母作为新一代航母的首制舰，有许多新的特点。

“福特”级航母的船形设计上，采用了大量新技术、新设计，特别是采用了诸多隐形技术，在突出部位敷设雷达吸波材料，降低雷达反射面积。使核航母具有隐形特性。而且在该级核潜航母上装备的将是具备隐形特性的第四代舰载型F-35C战机，以替代现代核航母上的F-18E/F战机。这种新型战机可以超音速滑跑起飞，具有强大的目标探测、良好的隐身和高机动能力，可对各种目标实施远程精确打击。这些新型战机用美国海军研制的电磁弹射器起飞。同时，该级航母上还将装备大量无人机。这些无人机既可执行精确打击、海上监视、空中早期预警、战场评估，也可担负支援反潜和抢险救援等任务。

在“福特”级核航母上将采用新型压水堆核动力装置。这种压水堆功率大、结构简单，可产生3倍于“尼米兹”级反应堆的电力，可满足航母全电力推进、电磁弹射器以及高能武器等系统的需求。

在“福特”级核航母上将装备多种新概念武器，已初步确定安装在“福特”号航母上的新概念武器有电磁轨导炮、高能激光武器、高能射线武器等。这将使未来海空战场的打击防御手段更多样、反应更迅捷、能力更强劲。

由此可见，待“福特”级航母建成、服役后，美国航母编队将会增添新成员，使美国未来航母编队的海空作战范围更广，打击威力更强。这样，将大大增强美海空综合作战能力。

当然，也有人对美国新一代航母提出质疑，认定它是“十万吨级怪物”。甚至有人认为，新航母今后是否一定派得上用场还存在问题，

“福特”号核航母

未来新型战舰、新武器的诞生或许会替代“海上巨无霸”核航母，就像20世纪航空母舰取代战列舰一样。

的确，航母和核航母的发展前途存在许多不确定因素，谁也无法预料“海上巨无霸”核航母的未来。

·小知识·

“福特”级核航母

“福特”级核航母是在“尼米兹”级核动力航母的基础上发展起来的，它的首制舰是“福特”号，预计于2015年服役。它的标准排水量101 600吨，舰长337米，宽41米，舰上装有2座核反应堆，航速30节以上。舰上可搭载75架各种类型战机和大量无人机。除了装备舰载机外，还装有多种新概念武器。

2.2 战舰隐形术

浩瀚的海面上，一架海军巡逻机在空中巡逻，它奉命搜索一艘可疑的舰船。巡逻机的雷达荧光屏上，发现了一个可疑目标：一个模糊不清的亮点，不久亮点便消失了。

海军巡逻机在继续搜索，又发现了那个可疑目标，同时打开了红外探测仪，发现了这个可疑目标的模糊轮廓。驾驶员正要加以判别时，目标又消失了。

这是怎么回事？这个可疑目标究竟是什么？

这是一艘隐形战舰在进行隐形试验。试验表明：军舰要隐形，避开雷达、红外探测仪的搜寻，使敌方发现不了是可能的。

隐形战舰试验

建造隐形战舰的设想与试验由来已久。

探索隐形战舰的试验开始于20世纪40年代。1943年，美国著名天文学家杰塞普博士提出一种新奇想法：使军舰“隐身”，美国海军支持这位博士进行军舰隐身试验。

于是，杰塞普博士在海军的一艘驱逐舰上安装了一种磁力发生机，它能产生交变磁场，使军舰上出现一种绿色烟雾。交变磁场越强，绿色烟雾就越浓。试验开始后，军舰周围烟雾弥漫。海面上，用肉眼已看不到军舰，出现了隐形效应。

这使参加隐形战舰试验的人很高兴。但是，试验结果却非常糟糕，参加试验的人，事后有的进了医院，有的精神失常，有的莫名其妙死去。连主持这次试验的杰塞普博士本人也未能摆脱厄运，于1959年4月悄然死去。那是因为人体不能承受交变磁场作用。此后，人们再也不去搞那种“肉眼看不见的隐身”试验。

再说，当时的隐形军舰，也只是肉眼看不到，雷达等电子仪器照样能看到战舰。

隐形战舰试验失败了，但是，隐形武器试验没有中止。武器设计师把注意力转向让仪器看不见的隐形试验，即雷达发现不了的试验。人们从材料着手，探索隐形技术。

在第二次世界大战中，德国为了防止潜艇不被盟军的飞机、舰艇所发现，在潜艇的潜望镜、通气管上，贴上能吸收雷达波的材料，以降低潜艇被发现的概率。英国战争初期，就用胶合板、云杉木来作为制造飞机的材料，使雷达难以发现它。美国则研制出一种能吸收雷达波的涂料，涂刷在高空侦察机上，吸收雷达波，使雷达发现不了。

从 20 世纪 60 年代到 80 年代，隐形武器的发展尚处于探索阶段，人们从气动力学、数学、电磁学、光学、材料学、信息处理等方面进行研究，探索隐形技术的原理、方法，并进行验证。这样，为隐形武器的研制创造了条件，打下了基础，使得隐形技术有了长足进步。

隐形战舰的出现

军舰的“隐形”，实际上是“隐真”，将军舰的真情实景隐藏起来，使敌方观察不到，而当发现时为时已晚，从而起到突然袭击的作用。现代隐形战舰对雷达波的反射、军舰本身的电磁辐射、红外辐射及军舰航行时产生的噪声均达到最低程度，使得各种观察器械发现不了。这样，隐形战舰可神出鬼没地进行海上突袭。

本文开头出现的战舰隐形试验是美国的“海影”号隐形试验舰，它是为了研制使用新动力能源、具备隐形效果的海上作战平台而建造的隐形战舰，进行了极为隐秘的战舰隐形试验。根据“海影”号测试结果，美国又研制了“海影 2”号。这两艘“海影”号的测试数据为研制未来战舰提供了有用资料。

英国一家军舰制造公司于 1996 年 10 月在巴黎举行的欧洲海军展览会上，推出一种名为“鬼魂”号的隐形驱逐舰，舰体长 115 米，排水量 2 500 吨，舰上装有两套动力装置，巡航时用电力推进，以保持其隐蔽性。“鬼魂”号上装有导弹、舰炮和反潜武器，用来拦截空中飞机、导弹，并对海、陆目标进行导弹攻击，还可用于反潜战斗。

除了美国、英国外，其他一些国家也相继发展了隐形战舰，如法国海军的“拉斐特”号隐形护卫舰、瑞典海军的“斯迈杰”号隐形巡逻艇、以色列海军的“萨尔 5”级隐形护卫舰等。

你知道吗："海影"号隐形试验舰

"海影"号隐形试验舰为双体船型，长为48.8米、宽为21.3米，排水量为560吨。该隐形试验舰2006年退役，2013年被拆解。

"海影"号隐形试验舰

"海影"号隐形试验舰

隐形战舰的秘密

隐形战舰所以能隐形，是由于采用了多种隐形技术。

第一，隐形战舰外形特殊。隐形战舰大多采用封闭舰体。英国的"鬼魂"号隐形驱逐舰外形呈多面体形状，舰体横断面呈波形，大大减小了雷达波反射截面积。一些隐形战舰还采用了具有吸波和透波性能好的复合材料，如石墨纤维增强塑料作为舰体材料，并在舰体表面涂有能吸收雷达波的涂层。另外，各种舰载设备的设计也都考虑了如何减少雷达波反射截面积。

"拉斐特"号隐形护卫舰

第二，为抑制红外辐射，避开红外探测仪的捕捉和红外寻的导弹的跟踪，除舰体采用

"拉斐特"号隐形护卫舰

特殊复合材料外，还设法降低发动机排气、排水温度，在舰体表面涂有绝热层，以减弱红外辐射。

第三，为降低噪声辐射，避开敌方声纳搜寻与跟踪，隐形战舰上多半采用超低噪声主机、辅机和传动机械，在舰体表面安装消声器，能将敌方声纳发射的声波转变为热能而耗掉，不让敌方声纳发现舰船。

第四，为防止敌方电子探测，隐形战舰采取多种减少自身电磁特征的措施，如减少电缆的电磁辐射、对电子设备进行屏蔽、用全球定位系统（GPS）代替无线电导航。

在英国设计的"鬼魂"号隐形驱逐舰上，为达到红外隐形和可见光隐形的目的，在军舰上还装置了水雾喷射系统，它能喷射出雾状水柱，把整个舰体包围起来，不仅目力观察器械发现不了，就是红外观测器械也难以发现。

由于隐形战舰采用了上述隐形技术，才使得军舰具有隐形本领，提高了战舰的隐蔽性。这样，隐形战舰可以突然地出现在作战海域，进行海上突袭，出其不意地进行海上战斗。

想一想

1. 军舰怎样隐形？
2. 未来的隐形战舰将是什么样子？

2.3 海上突击手——导弹艇

第二次世界大战后，导弹得到广泛应用，在舰艇上也装了导弹武器。一种新型舰艇——导弹艇应运而生。

1967 年 10 月，埃及导弹快艇首次参加导弹战，便击沉了以色列的一艘驱逐舰，威名大振。从此，导弹艇为人们所重视，各国竞相发展。导弹艇成了现代舰艇中的重要组成部分，活跃在海战舞台上，成为海上突击手。

“埃拉特”号的沉没

“埃拉特”号是以色列的一艘驱逐舰，标准排水量 1 710 吨，装有 4 门口径为 114 毫米的主炮和 6 门口径为 40 毫米的高射炮。为配合以色列对埃及、叙利亚的空袭，它被派到塞得港外。

“埃拉特”号驱逐舰舰体大，炮火威力强。1967 年 7 月 12 日，2 艘埃及鱼雷艇想袭击它，被它发现后，轻而易举地用炮火将 2 艘埃及鱼雷艇击沉。有过这样辉煌的战绩后，“埃拉特”号根本不把埃及、叙利亚的海军舰艇放在眼里。

当年 10 月 21 日，跟往常一样，“埃拉特”号大模大样地在塞得港外巡弋挑衅。忽然，在它的雷达荧光屏上，雷达兵发现有两个飞行物体在向它飞来。这是什么东西？

“埃拉特”号驱逐舰

是气球吗？不会，气球不会高速运动。

是飞机吗？不对，飞机不会飞得那么低。

又有一团火光，对着“埃拉特”号轰鸣而来。当它飞到近处，距“埃拉特”号右舷 80 多米时，舰上士兵发现它是一枚舰对舰导弹。“埃拉特”号舰长慌忙下令舰艇改变航向，全速前进，想以此来躲避导弹袭击。可是来袭导弹紧紧地盯住了它。

“埃拉特”号舰长下令用火炮拦截它。舰上的114毫米主炮、40毫米高射炮一齐向导弹开火，却没有打中来袭的舰对舰导弹。

“轰”的一声响，第一枚导弹击中了“埃拉特”号的锅炉舱。过了两分钟，第二枚导弹又击中它的机舱。烈火熊熊燃起，“埃拉特”号顷刻间失去了机动能力，舰体发生严重倾斜。紧接着，第三枚舰对舰导弹飞驶而来，击中了它的后甲板。“埃拉特”号开始进水，烈火烧遍整个舰体。不得已，舰长只得下令弃舰，舰员们一个个跳海逃生。接连被三枚导弹命中的“埃拉特”号驱逐舰，不一会就葬身海底，一命呜呼！

导弹是从埃及导弹艇上发射的，那艘发射导弹的导弹艇是20世纪50年代末问世的苏制“蚊子”级导弹艇。

小艇击沉了大舰，创造了奇迹，震惊了各国海军。

·小知识·

“埃拉特”号驱逐舰

“埃拉特”号是以色列的一艘驱逐舰，标准排水量1 710吨，装有4门口径为114毫米的主炮和6门口径为40毫米的高射炮。

“蚊子”吃大舰的秘密

小艇击沉大舰的秘密在于导弹快艇上装有导弹武器系统。导弹具有射程远、威力大、命中率高，能直接寻找、跟踪、击毁目标的功能。

导弹快艇上装的是舰对舰导弹，它是一种近程飞航式导弹，外形像飞机，弹体上有弹翼，弹体长为几米，弹径为几十厘米，质量为几百千克，射

“冥河”反舰导弹

SS-N-2“冥河”反舰导弹

程多为40～50千米。导弹一般是从导弹发射架上发射的。艇上的导弹发射架有2～4具，也有装6具甚至更多的。导弹发射架可以是固定式的，也可以是回转式的；可以单装，也可以多联装。

有些导弹艇装有多用途战术导弹，可用于对空作战，也有些导弹艇装有反潜导弹，用来对付潜艇。此外，还有的导弹快艇，除了导弹武器外，还装备舰炮、鱼雷、水雷。

击沉以色列驱逐舰的“蚊子”级导弹快艇是由鱼雷快艇改装成的，艇上装载着苏联研制成功的“冥河”导弹。“冥河”导弹是一种飞航式导弹，外形像飞机，装有烈性炸药。它利用雷达自动导航，能自动寻找目标，在飞行中自动修正飞行方向，击中目标。

为了对付“埃拉特”号，装载着“冥河”导弹的“蚊子”级导弹快艇隐蔽在塞得港内，不动声色，像一艘普通的鱼雷快艇。当埃及海军的雷达发现“埃拉特”号在塞得港外海面上耀武扬威时，“蚊子”级导弹快艇和另一艘别称为“黄蜂”的“奥萨”级导弹快艇,立即作好了导弹攻击准备。

夜幕降临，“蚊子”、“黄蜂”出动了。当它们测定好“埃拉特”号的方位后，“蚊子”级导弹艇首先发射两枚“冥河”导弹，随后“黄蜂”艇也发射了两枚“冥河”导弹。“埃拉特”号驱逐舰虽然舰大，炮火威力强，但在“蚊子”、“黄蜂”面前，成了一头不折不扣的笨“大象”。

“蚊子”级导弹艇

你知道吗：“冥河”导弹

“冥河”导弹是苏联研制的一种飞航式导弹，外形像飞机，弹长6.25～6.50米，弹体直径为0.76米，战斗部质量为500千克，装有烈性炸药。它利用雷达自动导航，能自动寻找目标，在飞行中自动修正飞行方向，击中目标。

导弹艇种类和特点

“黄蜂”级导弹艇

导弹艇种类很多。按照排水量不同，分为大、中、小三型。大型导弹艇排水量在 200 ~ 600 吨之间，长 50 ~ 60 米，宽 10 多米，艇上装有 4 ~ 6 具导弹发射架；中型导弹艇排水量在 100 ~ 200 吨之间，长 40 ~ 50 米，宽 7 ~ 8 米，艇上装有 2 ~ 4 具导弹发射架；小型导弹艇排水量在 100 吨以下，长 20 ~ 30 米，宽 5 ~ 6 米，艇上装有 2 具导弹发射架。

导弹艇作为一种新型战斗舰艇，具有以下特点：一是战斗威力大，命中率高，能有效地对付大、中型战斗舰艇，进行海上导弹战，使小艇具有较大的战斗威力；二是导弹艇尺寸小、吃水浅、速度快，所以机动性好，可在近海和狭窄航道上行进；三是导弹艇隐蔽性好，可利用沿海岛屿、礁石、港湾和海上运输船舶做掩护，隐蔽地实施导弹袭击。此外，导弹艇造价低廉，特别适合中、小国家和发展中国家使用，能以较小的代价对付强大的入侵之敌。所以，有人把导弹艇称为“穷国的武器”。

但是，导弹艇也有缺点：一是续航距离有限，活动范围小；二是海上航行性能差，在恶劣的气象条件下不能航行；三是自卫能力弱，易受攻击。所以，现代导弹艇向下列方向发展：改进导弹武器系统，增强攻击威力；改进技术装备，增加现代观察、通信器材，提高战斗性能；改善导弹艇航海性能，增加航速、续航力，使得导弹艇活动范围增大，并可在恶劣气象条件下执行任务。

国产的 021 型“黄蜂”级导弹艇

你知道吗：“蚊子”级导弹艇

“蚊子”级导弹艇是苏联由鱼雷快艇改装成的导弹艇，全长26.6米，宽6.4米。艇上装载着苏联研制的“冥河”导弹。

想一想

1. 为什么导弹艇威力这样大？
2. 反舰导弹有什么特点？

2.4 海上无影卫士

夏日夜晚，东南沿海的一个港口，一群身披海洋迷彩的舰艇隐蔽地驶出军港，如幽灵般直扑预定作战海域。

一艘大型“敌舰”通过数十部雷达同时开机搜索，结果一无所获；驾驶舱内键盘仪表的声响此起彼伏，电磁迷雾逐渐消散，“敌舰”露出狰狞面容，肆无忌惮地逼近军港。海上指挥员果断下令：出击！编队按照预定作战方案进发，迅速锁定目标，4 艘快艇发射 4 枚导弹全部命中，“敌舰”毫无觉察，瞬间灰飞烟灭。这是一场海上反偷袭战演习，其主角是我人民海军新型隐形导弹艇。

惊动美国军方的中国导弹艇

中国海军在初建年代就重视导弹艇的发展，中国导弹艇曾经创造过不俗战绩，发展了多型导弹艇。近几年来，中国的新型隐形导弹艇引起一些国际军事研究机构和媒体的关注。国际军情观察人士惊讶地发现，这种吨位不足 500 吨的小型水面舰艇正在给“世界第一海军”带来新的挑战。

美国国会军事委员会的军事专家自然十分敏感，他们就中国的新型隐形导弹艇，提交给国会的一份题为《中国海军现代化对美国的冲击》的报告称：“2004 年中国推出了配备反舰巡航导弹的攻击快艇，该艇突出隐形性能，能在海浪中快速穿行，并具有双船体外形。”

中国的隐形导弹艇编队

同时，国际知名军事刊物《汉和防务评论》

中国的隐形导弹艇

和一些海外媒体也报道称，中国在建造和发展采用双体穿浪技术的新型隐形导弹快艇。并称这种导弹快艇及在此基础上的改良、改进型可能成为中国导弹快艇的未来发展方向。

一艘吨位不足500吨的小型水面舰艇为什么会引起国际军事研究机构和媒体的关注？中国的导弹艇为什么会使美国军事专家感受到“对美国的冲击”？

让我们来看看我人民海军新型隐形导弹艇是什么样的战舰。在2009年4月23日举行的我人民海军阅兵式上最后出场的是8艘涂着海洋迷彩的导弹艇，它们疾驰而来，掀起阵阵浪花，向军委主席和各国来宾致敬。它们就是中国的新型隐形导弹艇，它们就这样向世界展示自己的风采。

据海外媒体报道，中国的新型隐形导弹艇满载排水量约为220吨，长40米左右，该艇实现了高度自动化，除配备30毫米6管隐身速射舰炮之外，还装备了4枚反舰导弹和诱饵发射装置。

你知道吗：中国海军成立60周年海上阅兵式

中国海军成立60周年海上阅兵式于2009年4月23日在青岛黄海海域举行，这是新中国人民海军成立以来第三次最大规模的海上阅兵。受阅兵力包括舰艇25艘、飞机31架，受阅舰艇分为潜艇群、驱逐舰群、护卫舰群和导弹艇群，受阅飞机分为9个空中梯队。受阅武器装备全部为我国自行制造。

隐形导弹艇的秘密

中国的新型隐形导弹艇具有隐形特性，主要是对雷达探测的隐形。这是由于它采用了具有对雷达隐形功能的外形，艇身低矮，艇体表面光滑，雷达反射截面积小，使对海探测雷达难于发现它。

由于采用喷水推进方式，不安装螺旋桨，这样，不会因为桨叶转动而产生噪声，

中国的隐形导弹艇发射导弹

它要比任何一艘中国海军的常规导弹快艇都要安静，尤其在高速的时候。《解放军报》报道指出，“中国水声技术国防科技重点实验室在振动壳体减振降噪技术等研究方向取得了丰硕的科研成果”。军事专家认为，正是这项减振降噪技术科研成果使得中国的新型隐形导弹艇具有对声纳探测的隐形的特性。

此外，新型隐形导弹艇涂着海洋迷彩，使光学探测器材也难于发现它。

中国新型隐形导弹艇的另一个显著特点是航速高，机动灵活。据海外媒体推测，它在满载时航速达到40节以上。它能在海浪中快速穿行，快速地到达作战海域，快速地发射反舰导弹，袭击来犯的敌舰，并能快速地撤离作战海域。

新型隐形导弹艇之所以航速高、机动灵活，是因为它采用了双船体外形。所谓双船体就是它有两个船体，而且两个船体的船首尖尖的，是一种采用穿浪技术的双船体，它在水中航行时水阻力小。同时，在新型隐形导弹艇上装备有大功率发动机，所以航速高。还由于艇上装备了 2 套动力装置，利用喷水推进器推进。这样，导弹艇的操纵性能良好，所以新型隐形导弹艇机动灵活，适合海上作战。

人民海军的新型隐形导弹艇集高速、强大的火力和出色的隐形能力于一体，与中国海军之前装备的导弹艇相比，其攻击力已不可同日而语，可以毫不夸张地说，新型隐形导弹艇已经成为中国海军在近海对付外来威胁的“撒手锏”。

另外，新型隐形导弹艇艇虽小，作用可不小，主要用于近海作战，可对敌方的大、中型水面舰船实施导弹攻击，也可担负巡逻、警戒、反潜、布雷等任务。如今，它已经取代过去鱼雷快艇在水面作战中的角色，在现代海战中可发挥重要作用。正是这样的原因，人民海军的新型隐形导弹艇才引起了国际军事研究机构和媒体的关注。

你知道吗：喷水推进器

喷水推进器是船舶的一种推进工具，它和船舶动力装置一起，用来推进船舶。喷水推进器是用水泵作动力，将水从船底孔吸入，经舷部管子，把水从船后方向排出，靠水的反作用力来推进船舶。喷水推进器的特点：一是操纵性能好，装有喷水推进器的船舶可以方便地转向，机动性好；二是喷水推进器不受吃水影响，可在浅水水域航行。

想一想

1. 为什么中国的新型隐形导弹艇会惊动美国军方？
2. 中国的新型隐形导弹艇为什么能隐形？

2.5 水下核潜艇

美国第一艘核潜艇“鹦鹉螺”号

1955年1月17日，美国“鹦鹉螺”号潜艇在凛冽的寒风中开始了首次试航，它向岸上指挥部发出了“我艇已用核动力前进”的信号，宣告了核潜艇的诞生，并由此拉开了核动力舰船遨游海洋的序幕。

核潜艇是核动力潜艇的简称，它的动力装置是核反应堆，利用核燃料中放射性元素铀释放核能来推进潜艇。核潜艇续航时间和距离几乎不受限制，核燃料几年更换一次，可以长期在水下航行，成了真正的水下舰艇。

自从第一艘核潜艇“鹦鹉螺”号问世以后，各海军大国纷纷研制、发展核潜艇。美国、苏联是最先拥有核潜艇的国家，其后，英国、法国也不甘落后，发展了自己的核潜艇。中国也自行研制、生产了核潜艇。现在，世界各地海洋中有数百艘核潜艇在游弋。

“鹦鹉螺”号官兵在纽约接受检阅

船坞里的核潜艇“鹦鹉螺”号

令人生畏的“水下杀手”——“海狼”

“海狼”级核潜艇

“海狼”是美国海军的一级攻击型核潜艇，它是一个令人生畏的“水下杀手”。

攻击型核潜艇是核潜艇中数量较多的一种，用于攻击敌方海上战斗舰船，还可为舰船护航，执行海上侦察等任务。它又可分为鱼雷攻击型核潜艇和飞航导弹核潜艇，前者以鱼雷为主要武器，后者以飞航导弹为主要武器。但也有不少攻击型核潜艇同时装有鱼雷和飞航导弹。

美国是攻击型核潜艇发展最早、建造最多的国家，发展了六代攻击型核潜艇。第一代“鳐鱼”级核潜艇，1959 年服役，共 4 艘，艇长 81.5 米，水下最快航速 25 节，最大潜水深度 200 米，艇首装有 6 具鱼雷发射管，艇尾装有 2 具。第二代“鲣鱼”级核潜艇，在 1956 ~ 1961 年期间共造 6 艘，艇长 76.7 米，水下排水量 3 500 吨，水下最快航速 28 节，艇首装有 6 具鱼雷发射管。第三代“长尾鲨”级核潜艇，在 1958 ~ 1967 年期间共造 13 艘，艇长 84.9 米，水下排水量 4 300 吨，最大潜水深度 300 米，艇体中部装有 4 具鱼雷发射管，可发射反潜鱼雷和火箭助飞鱼雷，并首次装备反舰导弹。第四代“鲟鱼”级核潜艇，在 1963 ~ 1975 年期间共造 37 艘，艇长 89 米，水下排水量 4 600 吨，艇体中部装有 4 具鱼雷发射管，还装备了战斧式巡航导弹，成为美国攻击型核潜艇的主力。

20 世纪 70 年代，美国开始发展第五代攻击型核潜艇“洛杉矶”级核潜艇，它从 1976 年开始服役，艇长 110 米，水下排水量 6 900 吨，水下最快航速 35 节，最大潜水深度 450 米，艇体中部装有 4 具鱼雷发射管，可发射鱼雷，也可发射反舰导弹。在新建的“洛杉矶”级潜艇上，加装 12 ~ 15 具导弹发射装置，可发射战斧式巡航导弹。1991 年海湾战争时袭击伊拉克的数百枚战斧式导弹中，有的就是从“洛杉矶”级核潜艇上发射的。

进入 20 世纪 80 年代后，美国又发展了新一代攻击型核潜艇“海狼”级核潜艇，它是美国海军中最大的攻击型核潜艇，首尾轮廓为泪滴形，中段舰体为单纯的平行管状构造，其舰壳表面力求光滑简洁并尽量减少突出物，以降低水流流过舰体产生的噪声。核潜艇上的动力设备都装有减震装置，并配置了隔音材料，舰体外部覆盖着橡胶隔音瓦，可减低本身噪声且能降低敌方声纳回波。所以，它是一艘静音核潜艇，可以在水下悄无声息地航行。

海狼级核潜艇的武器装备很强大，无论是鱼雷管数或武器搭载量都大幅增加。艇上总共有 8 具鱼雷管，可携带 24 枚鱼雷，艇上还可携带 12 枚战斧式巡航导弹、反舰导弹、反潜导弹。所以，它的水下攻击力量巨大，是一种多用途的核动力攻击型潜艇，可用来对付敌方战略核潜艇。

你知道吗：“海狼”级核潜艇

“海狼”级核潜艇是美国攻击型核潜艇，首制艇于 1996 年正式服役，艇长 99.37 米，水下排水量 9 150 吨，水下最快航速 35 节，最大潜水深度 600 米。

“当代潜艇之王”

弹道导弹核潜艇装有远程弹道导弹，是一种战略武器，用于攻击敌方政治、工业、经济中心及交通枢纽、军事基地等战略目标。

美国约在 1959 年就建成了它的第一艘弹道导弹核潜艇“乔治・华盛顿”号，艇长 116 米，水下排水量 6 700 吨，水下最快航速 24 节，装有 16 枚“北极星 A–I”导弹，威力相当于 60 万吨的 TNT 当量，艇首还装有 6 具鱼雷发射管。

1961 ~ 1963 年期间，美国又研制了第二代“艾伦”级弹道导弹核潜艇，艇长 125 米，水下排水量 7 900 吨，水下最快航速 30 节，装有 16 枚“北极星 A–2”导弹，威力相当于 65 万吨的 TNT 当量。1963 ~ 1967 年期间，美国又发展了第三代“拉斐特”级弹道导弹核潜艇，艇长 129.5 米，水下排水量 8 200 吨，艇上装有 16 枚“北极星 A–3”导弹，威力相当于 100 万吨的 TNT 当量。

美国第一艘弹道导弹核潜艇“乔治・华盛顿”号

“乔治・华盛顿”号的飞行甲板

"艾伦"级弹道导弹核潜艇在船坞里

"艾伦"级弹道导弹核潜艇

20世纪70年代，美国开始发展第四代弹道导弹核潜艇，首制艇"俄亥俄"号核潜艇1976年开始建造，1981年服役。它的艇体为拉长的水滴型，艇长170.7米，水下排水量18 750吨，水下最快航速30节，最大潜水深度400米。

"俄亥俄"级弹道导弹核潜艇装备"三叉戟"导弹，故又称"三叉戟"潜艇。艇上装有一个专供装弹用的导弹舱，导弹舱内装备有24枚"三叉戟"导弹。导弹均装在发射筒内，成两舷配置。

在"俄亥俄"级核潜艇上装备有水声探测、导航和通信等多种设备，仅水声

"拉斐特"级弹道导弹核潜艇 SSBN616

"拉斐特"级弹道导弹核潜艇 SSBN616

"拉斐特"级弹道导弹核潜艇剖面图

“俄亥俄”级弹道导弹核潜艇

“俄亥俄”级弹道导弹核潜艇剖面图

探测设备就有10余部，有被动式的，也有主动式的。导航系统包括惯性导航、卫星导航和无线电导航，艇上的中心计算机把整个导航系统连在一起，实现集中自动控制。核潜艇上的通信系统设备齐全，功能超群，并装有超低频通信系统，可在300米深处接收岸上信号。

正是由于“俄亥俄”级核潜艇装备了威力巨大的水下核武器和先进的技术装备，使它成为当今世界上最先进的战略核潜艇，被誉为“当代潜艇之王”，成为美军的重要威慑力量。

“俄亥俄”级弹道导弹核潜艇发射“三叉戟”导弹模拟图

你知道吗：“三叉戟”导弹

三叉戟”导弹是一种远程核导弹，分Ⅰ、Ⅱ两型。Ⅰ型导弹长10.4米，质量为30吨，射程7 500千米，战斗部是8枚分导式重返大气层热核弹头，每枚的威力相当于10万吨的TNT当量。Ⅱ型导弹长13.95米，质量为59吨，射程12 000千米，战斗部是12枚分导式重返大气层热核弹头，每枚的威力相当于10万吨的TNT当量；也可为7枚分导式重返大气层热核弹头，每枚的威力相当于47.5万吨的TNT当量。

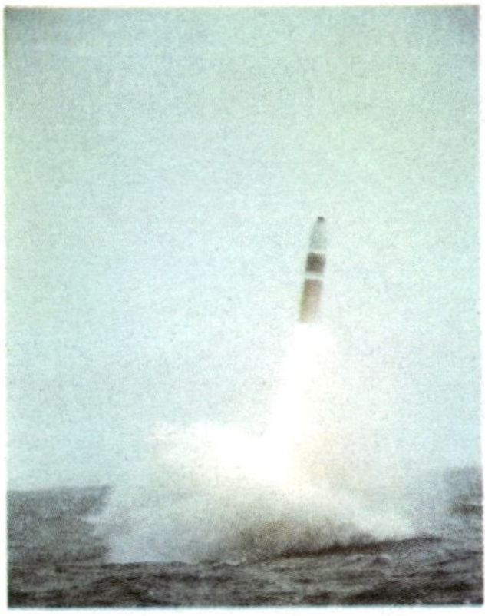

“三叉戟”导弹的发射

洛克希德·马丁公司第137次“三叉戟”IID5导弹的成功试射

世界上最大的核潜艇

俄罗斯“台风”级核潜艇

俄罗斯是潜艇生产大国，也是核潜艇发展的强国，拥有威力强大的核潜艇。苏联第一艘核潜艇于1958年服役，其后发展了多型核潜艇，有弹道导弹核潜艇、攻击型核潜艇、巡航导弹核潜艇以及辅助核潜艇。

弹道导弹核潜艇，即战略核潜艇，有德尔塔级和台风级多种；攻击型核潜艇数量多，有阿库拉级、塞拉级、维克托级；巡航导弹核潜艇是俄罗斯特有的，曾建造了12艘，全部为奥斯卡级。

俄罗斯海军已建造核潜艇的数量占世界核潜艇总数的一半多，堪称核潜艇生产“大户”，其型号之多、数量之大，名列各国之首。俄罗斯的核潜艇水平大致和美国相当，某些方面还强于美国。

目前世界上最大的潜艇是俄罗斯的“台风”级核潜艇。它是俄罗斯的第四代弹道导弹核潜艇，该潜艇是典型的冷战时期的产物，一共建造了6艘。它的导弹舱内布置有20座潜射战略弹道导弹，每枚导弹各装有10个分导式核弹头，每枚子弹头威力为10万吨TNT当量，可以打击世界上任何一个战略目标。它的自卫武器是533毫米鱼雷和650毫米鱼雷管，可发射常规鱼雷、“瀑布”高速鱼雷和“风暴”空泡鱼雷射。同时还装备了反舰导弹，可由鱼雷发射管发射。俄方还准备为台风级装备可由鱼雷管发射的潜射防空导弹。

俄罗斯“台风”级核潜艇在快速航行

“台风”级核潜艇采用双壳体结构，使得潜艇在遭受鱼雷攻击时，鱼雷爆炸力会被双壳体的耐压舱和壳体外的水吸收，从而保护艇体。所以，它可以对抗一般的攻击型潜艇和水面反潜舰艇鱼雷攻击。

“台风”级核潜艇曾经是苏联

俄罗斯“台风”级核潜艇在水下

战略核威慑力量的中坚，如今，它仍是俄罗斯战略核威慑力量的重要组成部分。面对美国的“俄亥俄”级核潜艇，俄罗斯海军没有放弃弹道导弹潜艇的研发。俄罗斯自1996年开始研制“北风之神”级战略核潜艇。“北风之神”级首制艇于2012年12月30日正式服役。按计划，俄罗斯打算在2020年装备至少8艘“北风之神”级战略核潜艇。该级战略核潜艇将成为21世纪俄罗斯战略核威慑力量的中坚。

你知道吗：“台风”级核潜艇

“台风”级核潜艇是俄罗斯海军的战略核潜艇，艇长170米，水下排水量25 000吨，水下最大航速26节，导弹舱内布置有20座潜射战略弹道导弹，每枚导弹各装有10个分导式核弹头，每枚子弹头威力为10万吨TNT当量，可以打击世界上任何一个战略目标。

想一想

1. 为什么核潜艇会令人生畏？
2. 世界上最大的核潜艇是哪个国家造的？

2.6 行踪不定的现代“人雷”

“人雷”是人操鱼雷的简称，实际上，它是一种微型潜艇。在二战期间，微型潜艇曾经创造过海战史的奇迹。

半个多世纪过去了，现在在国际海军技术装备展览会上，还可以看见现代“人雷”——微型潜艇的模样，说不定它要重返海战舞台。

“人雷”创造的海战奇迹

亚历山大港是英国海军的一个重要基地。1941 年 12 月 18 日夜晚，港湾上空夜色朦胧，一艘意大利潜艇“西雷”号在港外窥视，它没有潜入港内，而是在预定位置放下 3 艘“人雷”后驶走了。

由贝尼上尉率领的 3 艘“人雷”，突破了钢制的防潜网，成功地将一艘“人雷”的“雷”头系在英国战列舰“勇敢”号底部的龙骨上；另一艘“雷”头系在英国战列舰“伊丽莎白女王”号上。随着“轰隆”、“轰隆”的爆炸声，3.2 万吨的“勇敢”号战列舰爆炸沉没了，“伊丽莎白女王”号战列舰也受了伤。“人雷”的突袭，使英国舰队蒙受重大损失。

二战时日本海军的回天 2 型“人操鱼雷”

“人雷”是一种水下小艇，即微型潜艇。袭击亚历山大港英国海军基地的“人雷”，呈圆柱形，长 6~7 米，直径为 1 米左右。小艇上装有动力装置，以蓄电池为动力，可以在水面航行，也可以下潜，在水下航行。它的首部是战斗部，是一颗可拆卸的炸弹，装有烈性炸药。由于这种水下小艇像鱼雷，又比鱼雷跑得远，所以，意大利海军把它称为远程鱼雷，又由于它靠人操纵，所以叫它“人操鱼雷”，俗称“人鱼雷”、“人雷”。

二战时日本海军的微型潜艇

意大利的“人雷”是装在大型潜艇甲板上的专门容器内的，由潜艇将“人雷”运送到专门海区。当潜艇发现攻击目标后，将“人雷”放下海，由操纵手驾驶。操纵手穿着潜水衣驾着“人雷”驶向目标。

“人雷”在第二次世界大战中神出鬼没。1943 年 9 月，英国海军的“人雷”重创德国战列舰“梯比兹”号；1944 年 4 月，德国海军用“人雷”击沉了盟军的一艘 5000 吨级巡洋舰；1945 年 2 月，日本海军用“人雷”参加了硫磺岛抗登陆战役。

半个多世纪过去了，第二次世界大战期间突击建造的“人雷”消失了，退出了海战舞台。但是新的“人雷”——微型潜艇没有退出海战舞台，现代“人雷”仍活跃在各地海洋中。

你知道吗：“勇敢”号战列舰

1941 年，“勇敢”号战列舰在亚历山大港

“勇敢”号战列舰是英国皇家海军在二战期间的一艘在役战列舰，排水量 32000 吨。由于它被意大利的人鱼雷所炸毁，而被历史所记载。

“人雷”转身为微型潜艇

现代“人雷”是指水下排水量在 100 吨以下的微型潜艇，它具有一定的攻击力，而且机动灵活、隐蔽性好，能突破防潜网障碍，并利用狭窄水道潜入敌方港口、基地，对敌方大、中型舰船实施突然袭击。

意大利是“人雷”的最先制造者。第二次世界大战后，意大利海军一直在进行微型潜艇的研制。意大利研制了一种SX506型微型潜艇，长23米，宽2米，水下排水量70吨，水下航速6节，下潜深度100米，航程1 200海里。在这种微型潜艇上，装有2具鱼雷发射管，还可携载2个带有战斗部的水中运载器。水中运载器是一艘更小的微型潜艇，长7米，宽0.8米，水下排水量为2.4吨，以蓄电池为动力，水下航速3.5节。它的战斗部是一个270千克的炸药包，也可携带5 ~ 8个小型炸弹，还可携带水雷。

德国、苏联、美国也先后发展了各自的微型潜艇。德国研制的MsV70微型潜艇，长18米，水下排水量77吨，下潜深度可达到140米；苏联曾在波罗的海试验一种艇长15米的微型潜艇；美国为海军特种部队装备了可乘2人和6人的两种微型潜艇，潜航时，艇内灌满海水，艇员穿潜水衣。

现代“人雷”可以单独使用，也可作为潜艇的一种武器装备，利用其隐蔽性和机动性，出其不意地偷袭敌方停泊于港口或锚泊地的舰船，还可执行海上侦察、布雷、爆破等多种战斗任务。但是微型潜艇存在不可克服的缺点：航程短、航行性能差、自给能力弱。

为提高微型潜艇航程，一些军事专家提出建造潜艇母艇的设想，一艘母艇可携载几艘微型潜艇。这些微型潜艇直接装在母艇的腹内，由母艇携带，驶入作战海区。

由潜艇母艇携带现代“人雷”进行水下战斗，可提高攻击效果，母艇可同时释放几艘微型潜艇，从几个不同方向实施攻击。同时，可利用微型潜艇发射鱼雷，提高命中精度；还可执行海上侦察、深海侦察等任务。一旦潜艇母艇被敌发现遭到攻击，可释放微型潜艇诱敌，达到“丢卒保车”的目的。由此看来，作为现代“人雷”的微型潜艇在未来海战中大有可为。

想一想

1. “人雷”怎样战斗？

2. 在未来海战中微型潜艇还有没有用？

2.7 追杀舰船的主动水雷

水雷有“水下伏兵”之称，它被布设于海洋后，就埋伏在那里。当舰船驶近水雷时，水雷上的引信被触发或被感应就起爆，杀伤航行中的舰船。水雷是一种被动式武器，布设后要等待舰船自动上门，有一定局限性。

随着科学技术的发展，现代海战出现了一代新型水雷——主动水雷，它们可以主动出击，袭击在海上航行的水面舰船或水下航行的潜艇、深潜器，成为追杀舰船的“水下杀手”。

从上浮水雷到自导水雷

最早出现的主动水雷是一种上浮水雷。苏联海军曾研制一种上浮水雷，雷体中有压载水舱，利用压缩空气排空舱中的水，便产生向上的浮力，使沉在海底的水雷向上浮起。水雷在上浮过程中，雷体上的翼板产生的流体动力，使雷体保持稳定的水下弹道，再利用水声定位引信，将雷体导向目标。

苏联海军中使用过的“比目鱼”水雷，便是一种上浮水雷，它动作简单，具备了机动能力。

苏联在上浮水雷的基础上发展了一种自导水雷。该自导水雷长 7.83 米，直径 0.534 米，质量为 1 850 千克。这种自导水雷固定于基地入口处海底。当敌方舰船接近基地入口处时，水雷发射装置中的探测仪探测到敌方舰船发出的电磁波、声波等，经过电脑分析，一旦确定是敌方舰船，水雷发射装置便自动发射自导水雷，摧毁敌方舰船。

自导水雷射程远，水下运动速度快，爆炸威力大，能有效地对付敌方水面舰船和水下潜艇。自导水雷可以由海底固定发射装置发射，也可以由水下潜艇上的鱼雷发射管发射，还可由水面舰船、飞机投放。

海底主动水雷

一般水雷没有动力装置，布设于海底后不具机动性。

主动水雷是一种配备动力装置和自导系统的水雷，它是一般水雷和自导鱼雷的综合体，用于反潜战斗。这种主动水雷布设于海底，雷体上的自导鱼雷置于集装箱式发射装置内。

主动水雷装有两种引信：主动引信与被动引信。主动水雷布设后，雷体上的被动引信处于值班状态，搜索远方水面舰船、水下潜艇发出的声信号。一旦被动引信发现了目标，主动引信便开始工作，待目标行驶到主动水雷攻击距离内时，自导鱼雷便从锚泊于海底的集装箱式发射装置中发射出去。

主动水雷发射后，自导鱼雷上的发动机开始工作。同时，声自导装置也开始工作，搜索目标，跟踪追击。当自导鱼雷追到目标或距目标一定距离时，自行爆炸，炸毁目标。

美国海军中使用的“捕手”水雷，便是一种主动水雷，它可以布设于几百米深的海底，用来对付水下潜艇。它实际上是一种锚泊的声自导鱼雷，主要用于封锁具有战略意义的深水航道以达到限制敌方核动力弹道导弹潜艇行动的目的。

MK60水雷的自导鱼雷由密封容器封装，用雷锚固定在水中，密封壳体用铝合金制造，具有正浮力，使壳体在水中呈垂直状态。水雷的目标探测识别和控制系统可对水下目标进行探测、定位、分类，并能区分敌友潜艇，识别潜艇信号和干扰信号。一旦确定是要攻击的目标，壳体就开盖，海水进入密封容器，使壳体倾斜。鱼雷便发射出壳体，鱼雷一面行进，一面进行环形搜索。当探测到目标时，鱼雷便导向目标实施攻击。若没发现或失去了目标，鱼雷可重新进行搜索以攻击目标。

你知道吗：“MK60”捕手水雷

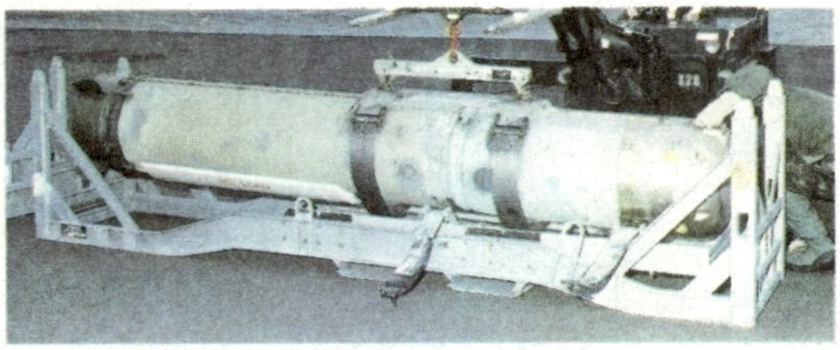

B-52G轰炸机正准备装载MK60型主动水雷

美国海军从1977年开始装备MK60水雷，该雷总重908千克，长3.68米，直径533毫米，最大布放深度760米，战斗部为MK46-4型轻型自导鱼雷。鱼雷的最大航程为11千米，警戒半径为1 000米，战斗服役期为6个月。

空投机动水雷

美国海军空投 MK62 型快速打击水雷

空投机动水雷是专门为海军航空兵研制的新型水雷，也是一种主动水雷。它从空中投掷，雷体入水后，能在水中机动，追杀航行中的舰船。

空投机动水雷的雷体上装有固体火箭发动机和高频定向声呐。它能在水中自航，并能自行寻找目标。这种空投机动水雷装备于反潜飞机和反潜直升机。它空投于预定海域后，便隐藏在那里，成为水下伏兵。

当这种水雷布设于水下后，它的高频定向声纳便开始工作，它探测到对方舰船所发出的声波信息，一旦确定是所要攻击的目标时，立即启动固体火箭发动机，并使雷体快速上浮。雷体在上浮过程中，在声呐自导系统控制下，接近目标，引爆炸药，击毁目标。

这种空投机动水雷实际上就是水雷与导弹的综合体。海军航空兵装备了空投机动水雷，可以准确地对敌方舰船进行水下攻击，使敌方舰船难于规避，可以在较大范围内对敌方水面舰船和水下潜艇构成威胁。使用空投机动水雷，可以以少胜多。据测算，1枚空投机动水雷，其战斗效能相当于200 ~ 250枚普通水雷，这样，大大提高了水雷武器的战斗效用，使得水雷在现代海战中大显身手。

主动出击的水雷

一般水雷是待在水中被动地等待目标进入其作用半径，触发后爆炸，毁坏目标。俄罗斯海军有两款能够主动出击的水雷：一款是PMK-1型反潜水雷，另一款是MSHM定向攻击水雷。

PMK-1型反潜水雷是把水雷与能发射水下火箭助飞鱼雷的发射装置组合在一

定向攻击水雷

起，它可探测和识别潜艇或水面舰艇，推算出目标的航向和航速，建立相应的截击弹道。然后发射火箭助飞鱼雷，主动攻击目标。鱼雷上装有触发、非触发和定时引信，任一引信动作时都会引起装药起爆达到重创目标的目的。

MSHM 定向攻击水雷，由筒体、目标探测和控制装置、可控尾翼的火箭战斗部和雷锚等组成。水雷全长 4 米，直径 533 毫米，总重 820 千克。水雷一经布放到位便位于雷索顶端处垂直向上。当目标探测装置探测到目标时，水雷就自动启动其主动声引信，并计算出火箭战斗部的弹道和相应的火箭后翼的舵角。然后，筒体开盖，火箭发动机点火，战斗部脱壳而出，按照预定的弹道飞向目标。该种水雷的布放海深为 60~300 米，水下服役期为 1 年。

想一想

1. 水雷是如何由被动变主动的？
2. 为什么要发展主动水雷？

2.8 劈向巴格达的“战斧”

凌晨是巴格达最为宁静的时刻。一直提心吊胆的伊拉克人，可以得到片刻安宁，让绷紧了的神经松弛一会。1998 年 12 月 17 日凌晨，突然，城市上空火光冲天，阵阵爆炸声撕裂了巴格达宁静的夜幕。

这是美国、英国对伊拉克发动的代号为“沙漠之狐”的军事行动的首次攻击。空袭持续了两个多小时，但是，巴格达上空没有飞机的踪影。空袭巴格达的是美国、英国巡航导弹，其中大多是战斧式巡航导弹。导弹是从美国军舰上发射的。

战斧式导弹空袭巴格达，这不是第一次，也不是最后一次，在 1991 年的海湾战争及 2003 年的伊拉克战争中，巴格达屡屡受到战斧式导弹攻击，给伊拉克人民带来深重灾难。

独特的构造

战斧式导弹是一种先进的巡航导弹，由美国通用动力公司于 1972 年开始研制，1983 年装备部队。战斧式导弹是一种利用空气动力飞行的带翼导弹，呈细长形，头部呈卵形，中段为圆柱体，尾部为截锥体。它由战斗部、动力装置、制导系统、弹翼和尾翼四部分组成。

战斧 BlockIV 型巡航导弹在进行飞行试验

战斗部用于战斗，有两种类型，一种是常规弹头，装填有烈性炸药，一枚常规弹头可以摧毁一座钢筋水泥的高层建筑；另一种是核弹头，装填核炸药，具有大规模杀伤能力。在“沙漠之狐”行动中使用的是常规弹头。

动力装置用于提供导弹在空气中飞行的动力，它是一种涡轮式航空发动机，装于弹体腹部，配有燃油箱储存燃油。有的战斧式导弹还装有固体火箭助推器，装在弹体尾段。

制导系统用于控制导弹飞行，其制导装置装于头部，将导弹导向目标。

弹翼和尾翼是用来保持弹体飞行的稳定性的。弹翼装在弹身中部，它是一对窄梯形的折叠式直弹翼，平时折叠在弹身纵向贮翼槽中，发射时才打开。尾翼装在尾部，是一种十字形折叠尾翼，平时翼根后折，发射时才打开。

战斧式导弹有多种类型，有潜射型核攻击导弹、舰射型对舰导弹和潜射、舰射型对陆常规攻击导弹。在“沙漠之狐”、“沙漠风暴”军事行动及其后的伊拉克战争中，战斧式对陆常规攻击导弹得到广泛的应用。

·小知识·

战斧式导弹分类

战斧巡航导弹在飞行

战斧式导弹有三种类型：潜射型核攻击导弹（BGM-109A）装载于核潜艇上，发射的是核弹头，主要用于对战略目标进行核攻击；舰射型对舰导弹（BGM-109B）装载于水面舰艇上，发射的是常规弹头，主要用于对海上目标进行导弹攻击；潜射、舰射型对陆常规攻击导弹（BGM-109C）一般装载于潜艇、水面舰艇上，发射的是常规弹头，主要用于对陆上目标进行导弹攻击。

打得准的奥秘

战斧式巡航导弹实际上是一种带有战斗部的无人驾驶飞机，它从发射到命中目标，始终在推力作用下，并在制导系统控制下飞行，它的飞行轨迹与飞机很相似。

战斧式巡航导弹命中精度高，秘密在于它的制导系统。弹体上除了装有惯性导航和地形匹配控制系统外，还采用了更为先进的数字式影像匹配区域相关器，它是一个微型计算机控制的软件系统。这三种不同的飞行控制系统，使战斧式巡航导弹能从千里之外，飞向目标区域，找到所要攻击的目标，精确命中目标。

英国海军机敏级核攻击潜艇发射战斧巡航导弹

在导弹攻击前，由侦察卫星预先把目标区域及沿线地形特征通过遥控系统描绘成数字地图，并储存在导弹计算机里，同时把攻击目标所要求的航线编成程序输入。导弹在飞行过程中，对弹体飞行路线下方的地形特征及时进行测量，并将实际测得的数据与预先储存的地形特征数据进行比较，测得其偏差，然后发出指令，修正导弹的飞行航线，使得导弹精确瞄准要攻击的目标。

正因为战斧式导弹上装有先进的制导系统，使得它能随时改变航线，进行特技飞行，可以避开非军事目标，精确导向所要攻击的军事目标。

为使导弹袭击具有隐蔽性，战斧式巡航导弹头部的天线罩和进气斗均采用雷达波吸收能力较强的复合材料，以减小雷达波散射截面。同时，采用红外辐射小的发动机作动力，以减小导弹的红外辐射。

为提高导弹生存能力，不让雷达发现，战斧式巡航导弹能超低空飞行。它在海上的巡航高度为 7 ~ 15 米，在陆地为 60 米，在山地为 150 米。所以，它具有较强的生存能力和攻击能力，能自行改变速度、高度，进行导弹攻击。

战斧式导弹也是有弱点的。它技术复杂，保障要求高，发射准备时间长，许多软件数据必须事先设定，并输入导弹。同时，它的战场适应性差，易受气象条件影响。此外，它的飞行速度慢、高度低，易被发现。在“沙漠之狐”军事行动的第一天导弹攻击中，就有几十枚战斧式导弹被伊拉克防空部队击落。

·小知识·

战斧式 BGM-109C 对陆常规攻击导弹

战斧式 BGM-109C 对陆常规攻击导弹是一种多用途的战术导弹，可以从潜艇、水面舰艇上发射，也可从飞机、地面上发射，能对付陆上目标，又能对付海上目标。这种多用途战术导弹的弹长带助推器的为6.17米，不带助推器的为5.56米，弹体直径为527毫米，最大射程为1 300千米，飞行速度相当于0.7倍音速。

战斧BlockII型巡航导弹在进行掩蔽所攻击试验

想一想

1. 战斧式导弹有什么特点？
2. 战斧式导弹为什么打得准？

现代空战武器篇

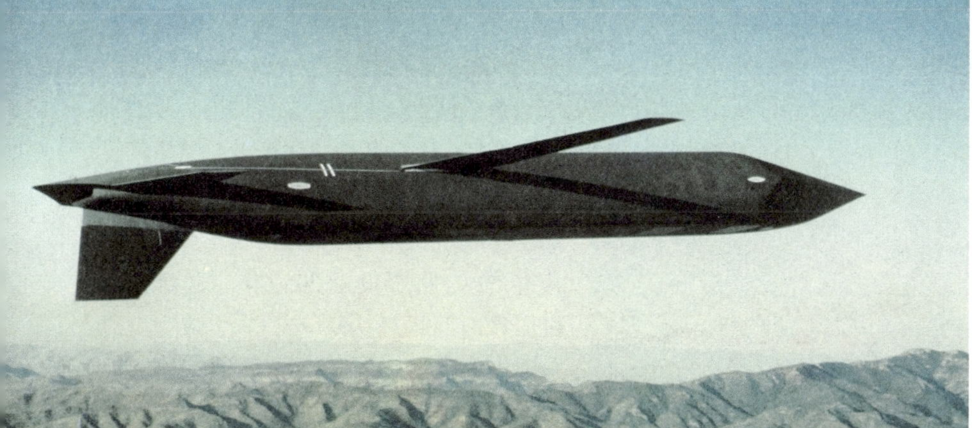

3.1 空袭急先锋

2013 年 11 月 23 日，中华人民共和国宣布在东海设立防空识别区，覆盖大部分东海海域。11 月 26 日，五角大楼发言人指出，两架 B-52 远程战略轰炸机在美国东部时间 25 日下午 7 时“在钓鱼岛区域进行活动”。美方特别指出其在事前并未遵循中方的要求递交飞行计划与通信频率资讯，在过程中也完全未与中方通信。

一架美国轰炸机强行闯入中国防空识别区，目的非常明显，那就是蓄意挑战中方。B-52 轰炸机也由此进入人们的视野。

“同温层堡垒”

B-52 战略轰炸机绰号为“同温层堡垒”，是美国波音飞机公司研制的八发动机远程战略轰炸机，它是战争的产儿，也是二战后历次空袭的见证者、参与者。它的机翼下沾满鲜血。

第二次世界大战结束后，作为盟国领袖的美国自视为“世界警察”。为扮演好这一角色，美国空军认为要有一种远程轰炸机用来执行战略轰炸任务。于是，美国波音公司便开始研制这种远程轰炸机，1952 年 4 月，第一架样机 B-52 飞机升空，试飞成功。

首批 3 架 B-52 轰炸机全部用于试验。1955 年批生产型开始交付使用，先后发展了 B-52A、B、C、D、E、F、G、H 共 8 种型别，1962 年停止生产，总共生产了 744 架飞机。B-52 战略轰炸机仍然是美国空军战略轰炸主力，美国空军现在计划让 B-52 一路服役至 2050 年。这使得该机服役时间将高达 90 年，它将成为世界空战史上资格最老、寿命最长的轰炸机。

B-52 轰炸机

在这架战略轰炸机的机翼和机身中装满了燃油。在它的巨大机翼下，装着 4 组 8 台涡轮喷气发动机，速度为 900 千米 / 小时。

它的最大特点是能远航。1956年，8架B-52掠过了北极，航行2.7万千米；1957年，3架B-52绕行了地球，创造了飞机远航纪录。

B-52战略轰炸机携带的武器

后来，B-52轰炸机经过多次改型，其外形、装备有了改进，战斗性能有了提高，每种后继机型都具有新的特点。B-52G型是在B-52F型基础上改进而成的，其外形发生了重大变化：“鼻子”拉长了，垂直尾翼缩短了，机翼和机身振动减弱了，储油量增加了，航程达到1.2万千米。1961年3月，B-52飞机的最后一个机型B-52H试飞成功，它的发动机功率更大，并安装了快速启动器，发动机组能同时发动，航程提高到1.6万千米，机上的机关枪被带火控系统的一门6管20毫米加农炮取代；机翼下装着导弹，可携带20枚近距攻击导弹或20多枚巡航导弹。改进型的B-52轰炸机从只能投掷航空炸弹，变成了可移动的炮台和导弹发射平台，能向远距离目标开火，成为真正意义上的飞行堡垒。

B-52H是B-52轰炸机发展型的最后的一个型号，它是在B-52G基础上改进而来的，换装了推力75.71千牛的涡扇发动机，避免了起飞时因向发动机内喷水而造成的浓烟，同时使飞机的航程增加10% ~ 15%。取消了机尾的6管20毫米机炮。采用了新型的电子对抗系统。在内、外发动机短舱间的挂架上可带散布金属片的火箭弹，还可带干扰红外导弹用的小型红外线火箭弹。1962年10月26日，最后一架B-52H装备美国空军。

1978年，95架B-52H又和98架B-52G一起同时开始了第二次改进，装备了新的设备，机上有新型干扰系统，可以投掷带金属丝的干扰弹或发射红外火箭弹，干扰来袭导弹，机上还装备了电子干扰机，用于干扰对方雷达，提高电子战能力。同时，机上还有先进的惯性导航系统，有的还能利用卫星来导航。此外，这些改进型B-52轰炸机上装备了先进的夜视系统和红外观察器械，这样，可以低空突防。

B-52H轰炸机是唯一正在服役的一个型号。它与B-2隐形轰炸机、B-1B轰炸机共同构成了美国空中战略核打击力量，正是由于 B-52 轰炸机不断地被改进，才使它能不断创新，适应现代战争需要，成为飞越时空的战略轰炸机。

你知道吗：B-52 轰炸机

B-52 轰炸机是美军的一种远程战略轰炸机，机身长 48.7 米，翼展 56.3 米，起飞质量为 221 吨，它的巨大机翼下，装着 4 组 8 台涡轮喷气发动机，速度为 900 千米 / 小时。

战争的产儿

B-52 轰炸机是战争的产儿，自从它装备美国空军部队后，每次局部战争，每次重要军事活动，它都参与了，成为美军进行空袭的急先锋。

在长达 8 年之久的越南战争中，B-52 轰炸机是美国空军的战斗主力。1965 年 6 月第一批 27 架 B-52 轰炸机从关岛基地出发，长途跋涉来到越南战场进行第一次战略轰炸，其后，每月出动 300 架次，1967 年又增加到每月 800 架次，到 1968 年 2 月达到每月 1 200 架次，对越南、老挝、柬埔寨进行狂轰滥炸，著名的“胡志明小道”也一度受阻，交通中断。

在 1972 年 12 月 15 日，在美军发动的代号为“后卫 II”行动期间，B-52 在 11 个晚上出动了 729 架次，袭击了 34 个目标，投弹量达 15 287 吨，1 600 处军事设施被破坏或摧毁，使北越损失了 3 百万加仑石油和 80% 的发电能力。虽然，它在 1 240 枚萨姆导弹的拦截下，付出了代价，被萨姆导弹击毁 15 架、击伤 3 架，但损失率还不到 2%。这主要是由于美军采用电子对抗和密切的战术协同的结果。

1973 年 8 月 15 日，B-52 轰炸机在越南战场上执行了最后一次轰炸任务，全部 B-52 轰炸机撤出东南亚。从 1966 年 4 月 2 日第一次轰炸越南北方到 1972 年 12 月 29 日，总共出动了 3 300 多架次进行轰炸。

在“沙漠风暴”军事行动中，B-52 轰炸机是急先锋，1991 年 1 月 16 日，美国空军的第 596 轰炸机中队 7 架 B-52H 轰炸机，挂着巡航导弹，飞过大西洋和地中海，抵达海湾地区上空，于 1 月 17 日凌晨，对伊拉克进行了导弹攻击，机上的巡航导弹准确地命中伊拉克军事目标。

海湾战争中 B-52G 轰炸机全程参加了对伊拉克的空袭作战。42 天中总共出动了 1624 架次，投弹 25 700 吨，包括 72 000 枚炸弹，占美国总投弹量的 29%。执行

B-52 轰炸机在投弹

的大部分是战略轰炸任务，打击伊拉克的工业设施、C3I 系统、核生化设施、战术导弹等战略目标。B-52G 轰炸机也实施过近距空中支援和战场准备，包括直接突击伊拉克 3 个共和国卫队师，轰炸机场及在伊拉克部队阵地上空低空抛撒传单。

在“沙漠之狐”军事行动中，从 1998 年 12 月 17 ~ 20 日的 4 天空袭中，B-52 轰炸机仍是空袭的主力之一。美国有 17 架 B-52G 远程轰炸机从印度洋的迪戈·加西亚岛基地起飞，载着战斧式巡航导弹，杀向海湾上空，对伊拉克境内的军事目标，多次进行攻击与轰炸。

在北约对南联盟的空袭中，北约成员国的数百架战机参与对南联盟的轰炸。其中，美国的 B-52 战略轰炸机是空袭南联盟的急先锋。

B-52 轰炸机是具有近 50 年历史的“同温层堡垒”，经过不断改进的 B-52 远程轰炸机仍将是 21 世纪美国空军的主力战机，这座飞行堡垒仍将活跃在空战舞台上。美军愿意让 B-52 继续服役的其中一个原因是 B-52 是美国战略轰炸机中唯一可以发射巡航导弹的机种。

3.2 隐身的“夜鹰”

在海湾战争“沙漠风暴”军事行动中，多国部队战机对伊拉克实施了战争史上最大规模的空袭和轰炸。在“沙漠风暴”中打头阵的是美国的F-117A隐形战斗轰炸机。它于1991年1月17日凌晨穿越了伊拉克防空网，用激光制导炸弹对伊拉克南部的一个防空指挥中心进行了攻击，打响了海湾战争第一炮。

从此，F-117A隐形战斗轰炸机进入了寻常百姓的视野，隐形战机也为世人瞩目。

引以为豪的王牌战机

F-117A隐形战斗机是世界上最早出现的一种隐形飞机，是美国的王牌战机。它由美国克希德飞机公司于1978年秘密研制，在1983年10月装备于美国空军。它是美国的主力轰炸机之一，主要用于攻击敌指挥、控制、通信中心，敌方防空阵地、导弹发射基地等军事目标。

F-117A隐形战斗机是一种具有全天候攻击能力的战斗轰炸机，最大起飞重量23.81吨，空中作战半径1 152千米，为增加航程，这架隐形战斗机可以进行空中加油。它是一架具有高精度、全天候攻击能力的战斗轰炸机，机上携带2枚弹重为907千克的激光制导炸弹。机上还装有红外搜索跟踪系统，能在夜间60米低空攻击目标。

“隐身夜鹰”F-117A在飞行

由于F-117A隐形战斗机具有隐形功能，能在夜间突防，为此有“隐身夜鹰”之称。它曾经在海湾战争中出过风头。在多国部队实施的“沙漠风暴”军事行动中，美国的F-117A隐形战斗机打头阵，它于1991年1月17日凌展，悄悄地穿越了伊拉克防空网，用激光制导炸弹对伊拉克南部的一个防空指挥中心进行了攻击，打响了海湾战争的第一炮。就在这一天，30 架次的 F-117A 隐形机对伊拉克的 80 个军事目标进行了攻击，伊拉克首都巴格达成了它的空袭目标。

“隐身夜鹰”F-117A 编队飞行

海湾战争隐身战机创下了连续 1 300 架次战斗出航无一损伤的记录，使美国空军引以为豪，成了美国空军的王牌战机。从此，“隐身夜鹰”F-117A 扬名天下。

你知道吗：F-117A 隐形战斗轰炸机

F-117A 是世界上第一种隐形战机，机长 20.08 米，翼展 13.2 米，机上装着 2 台涡轮发动机，飞行速度相当于 0.8 倍音速，最大起飞质量为 23.81 吨，空中作战半径为 1 152 千米。

“夜鹰”隐身的奥秘

“隐身夜鹰”所以能隐形，是由于机上采用了多种隐形技术。

首先，对雷达的隐形，使敌方雷达难以发现。F-117A 隐形战斗机外形像一个锥形四面体。它的上表面由多个小平面拼成，机体成楔形。在飞机的机翼前缘、飞机的操纵面和发动机的进气口采用能吸收雷达波的复合材料制成；在整个机体表面涂有一层能吸收雷达波的涂料，在飞机座舱、透明窗口玻璃上也涂有吸波涂料，从而减少了雷达反射面积。另外，机上的武器都装在武器舱内，使用武器时，才打开武器舱，以进一步减少雷达反射面积。由于采取了这些技术措施，F-117A 隐形战斗机的雷达反射面积只有 0.1 平方米，为一架普通战斗机的 1/60，在雷达屏幕上只比一只鸟的雷达信号稍强一些。

F-117A 有隐身的外形

在 F-Il7A 隐形战斗机上采用了红外隐身

技术，在飞机的尾部喷口进行了减少飞机热辐射的设计。同时，机上采用了新型燃料。这种燃料既能高速燃烧，又能迅速冷却，这样，可以降低机上发动机的排气温度，减弱机上发动机的红外辐射，使飞机具有红外隐形功能。

此外，为了降低飞机的电磁辐射和噪声，机上采用高精度的光电探测热成像系统；无线电采用寂静工作方式；在发动机进气口设置消声器。所以，“隐身夜鹰”F-117A 具有电磁辐射隐形与噪声隐形。

正是由于采取了这些隐形技术，使得 F-117A 战斗机具有隐形功能，成了“隐身夜鹰”，才能在海湾战争中，穿过伊拉克的防御网，对伊拉克的军事目标进行空中突袭，并且创造了骄人战绩。

你知道吗：雷达反射面积

雷达反射面积（RCS）是雷达能“看见”的面积，它是目标的假想面积，指将飞行器反射的电磁波能量等效为一个球体，该球体的横截面积即为雷达反射截面积。实际上，一架飞机的雷达反射面积不是一个单值，对于每个视角、不同的雷达频率等都对应不同的雷达反射面积。

“隐身夜鹰”折戟为哪般？

F-117A 隐身战斗机在海湾战争中立下了大功，虽然它出动的架次只占全部作战飞机出动架次的1%，但它摧毁了伊拉克许多军事目标，且没有一架战机被击落，创造了空战史上的奇迹。

但是，它在对南联盟的空袭中出了洋相。1999 年 3 月 27 日，一架 F-117A 隐形战斗机在对南联盟首都贝尔格莱德市郊的目标进行空袭时，被南联盟防空部队击落，“隐形夜鹰”折戟贝尔格莱德市郊，其残骸被南联盟送往俄罗斯军事科研部门进行分析研究。

F-117A 被导弹击落

为什么导弹能够击落“隐身夜鹰”呢？

原来，F-117A 隐身战斗机的隐形技术并不完美。

首先，飞机在飞行过程中，发动机的喷气及机翼与空气的摩擦会产生热量，辐射红外线，会被装有红外制导装置的防空导弹探测到，并进行跟踪追击。

第二，飞机在空中飞驶，飞机尾部喷气中含有的水蒸气一旦与高空中的冷空气相遇就会冷凝成白色尾迹，容易被发现，而遭到防空兵力的攻击。

第三，飞机在晴空中飞驶，在蓝天的衬托下，易被肉眼和光学观察器材探测到。而且，飞机飞得越高，飞机下面空气中含的微尘会把光散射到机身下部，而上部的空气稀薄，微尘相应较少，与飞机相比天空的背景光则更显暗淡，亮度更差，会使飞机显得更加闪亮耀眼，易被发现。

隐身飞机对雷达的隐形是相对的，在它飞行时发动机的红外辐射、噪声也只是相对减少，而决非完全隐形。现代探测工具还是可以发现隐身飞机的踪迹。同时，F-117A 隐身机的速度、空战能力，比性能先进的战斗机要差。这样，F-117A 隐身战斗机一旦被对方的飞机、防空导弹盯住就很难脱身。

据俄罗斯国防部部长介绍，F-117A 隐身战斗机是被俄制的“萨姆”防空导弹盯上而被击落的，使得“隐身夜鹰”现了原形，出了洋相。

你知道吗：“萨姆”防空导弹

“萨姆”防空导弹中的“萨姆””是英文缩写词“SAM”的音译名，意为“地对空导弹”。苏联每发展一型地空导弹，自己都进行命名和编号，西方再用英文逐一给苏联地空导弹起绰号，并进行相应的编号。

3.3 “黑蝙蝠”之谜

1999 年 3 月，2 架 B–2 隐形轰炸机从美国本土基地起飞，远涉重洋来到巴尔干地区。它们悄悄地越过了南联盟的防空体系，投入对南联盟的空袭中。它从美国本土飞来空袭南联盟，是来进行首次实战试验的。

B–2 轰炸机是在 B–52 轰炸机的基础上发展起来的战略轰炸机，具有隐形本领，是当代一种先进的隐形轰炸机，执行战略轰炸任务。它也是当今世界上唯一的一种隐身战略轰炸机，它能安全地穿过严密的防空系统进行攻击。

隐身轰炸机的发展

轰炸机是用于对敌地面目标的攻击，在轰炸机中，仅负责对敌的前线阵地，如碉堡、供给线、活动目标进行轰炸的，称为战术轰炸机；而承担对敌后方，如军事设备、交通枢纽、经济和政治中心进行轰炸的，称为战略轰炸机。

战略轰炸机是“空中庞然大物”，一般载弹量较大、航程较远。B–2 则是当代最先进的战略轰炸机之一。

B–2 隐身轰炸机的出现是防空兵器发展的结果。在 20 世纪 60~70 年代，出现了各种地对空导弹、空对空导弹，发展迅速，使得防空能力大为提高，原来的又大又笨的战略轰炸机成了空中导弹的靶子，面临着严重挑战。为此，美国开始研制新型战略轰炸机，B–2 隐身轰炸机就是这样出现的。

AGM–129 型巡航导弹

它从 1981 年 10 月开始研制，1989 年 7 月试飞成功，并于 90 年代初投入使用。它投掷的炸弹是一种新型的卫星导航炸弹，精确度高，能抗干扰，可自行导向目标。

B–2 隐身轰炸机是一种战

机翼下的 AGM-129 型巡航导弹

MK82 型（前）和 MK84 型（后）普通炸弹

略轰炸机，能携带的武器不少。它的两个旋转弹架能携带 16 枚 AGM-129 型巡航导弹，也可携带 80 枚 MK82 型或 16 枚 MK84 型普通炸弹或 36 枚 CBU-87 型集束炸弹。在它使用新型的 TSSM 远程攻击弹药时，携弹量达到 16 枚。当使用核武器时可携带 16 枚 B63 型核炸弹。此外，在它使用的 AGM-129 型巡航导弹上也可装载核弹头。

装载 CBU-87 型集束炸弹

2002 年 2 月，B-2 隐身轰炸机又增加了使用联合防区外空对地导弹 JASSM 的能力。外翼段内部的大多数空间被油箱占据，发动机舱之间的机身下方并列布置了两个大型弹舱，每个弹舱可挂载波音公司研制的先进旋转式挂架，可挂载 8 枚 908 千克级弹药，也可安装两个炸弹挂架组件以挂载常规弹药。

经过航电与装备性能提升后的 B-2A 可以携带 AGM-154 联合防区外武器和 GBU-28 型 5000 磅激光制导炸弹。此外，也可以携带 AGM-158 空对地联合防区外导弹。可见，B-2 隐身轰炸机战斗力是非常强大的。

B-2 战略轰炸机

B-2 战略轰炸机底视图

你知道吗：轰炸机

轰炸机是用于投炸弹的战机，还能投掷各种鱼雷、核弹或发射空对地导弹。轰炸机可以分为轻型轰炸机、中型轰炸机和重型轰炸机三种类型。其中执行战略任务的重型轰炸机，又称战略轰炸机，它是一个国家“三位一体”核打击力量的主要组成部分。

“黑蝙蝠”为何能隐身

由于B–2隐形轰炸机的机身下表面涂刷有黑漆，在空中呈黑色，故有“黑蝙蝠”之称，“黑蝙蝠”B–2所以具有隐身功能，是因为采用了多种隐身技术。

为了使“黑蝙蝠”具有对雷达的隐形，最大限度地减少雷达反射面积，它的机翼和机身，按“翼身融合体”原则进行设计，机身和机翼的界面设计得非常光滑，使人分不清机翼、机身的界面。机上的武器、燃料装在机体内，这样机身上无突出部位。机上的座舱也不像一般飞机那样鼓起，而是让它埋在机身里，以减少雷达反射面积。

同时，B–2隐身轰炸机的机体采用吸波性能好的材料制成，表面蒙皮采用石墨蜂窝状夹层结构。这样大大降低了雷达波反射截面积。B–2隐身轰炸机的雷达反射截面积不到0.1平方米，仅相当于空中一只飞鸟。由于大大减少了雷达有效反射面积，使雷达发现不了，实现了对雷达探测的隐身。

为使B–2隐身轰炸机具有红外隐身能力，它的发动机采用背部进气道，以便充分利用机身的屏蔽作用；发动机的排气是通过扁平喷管，从机翼上表面后缘交汇处排出。这样可以减少红外辐射，使飞机具有红外隐身能力。

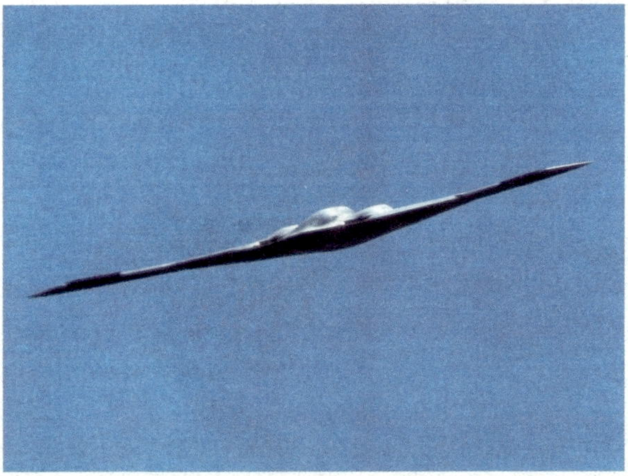

B–2战略轰炸机平视图

为使B–2隐身轰炸机具有光隐身能力，它的上表面涂蓝灰色漆，下表面涂黑色漆，使目力及光学观察器材难以发现它。

你知道吗：B–2 战略轰炸机

B–2 战略轰炸机是美国空军的一种隐身轰炸机，该机机长 21.03 米，翼展 52.43 米，机高 5.18 米，最大起飞重量 181.43 吨，航程可达 12 000 千米。

小心提防“黑蝙蝠”

尽管 B–2 轰炸机诞生时间不长，但它参加的战斗不少，发生的事故也不少。当它问世不久，就投入空袭南联盟。B–2 隐形轰炸机来到南联盟上空投掷卫星导航炸弹，给南联盟带来了深重灾难。

2003 年 3 月 28 日，B–2 轰炸机来到了伊拉克战场，那日晚上，它首次实战投放了两颗 2130 千克的新型卫星定位的 EGBU–28 制导炸弹，炸毁了巴格达市内位于底格里斯河畔的一个通信塔。这是美军在伊拉克战争中使用的最大的炸弹，它比以往的 JDAM 炸弹更为先进。这种卫星定位制导炸弹能有效摧毁大型坚固目标。

在伊拉克战争期间，B–2 不加油航程为 11 119 千米，为此有两架 B–2 轰炸机转场到印度洋上的迪亚戈·加西亚美国空军基地，从该基地起飞轰炸伊拉克不需要进行空中加油。

2008 年 2 月 23 日，一架编号 89–01 的 B–2 轰炸机在美军关岛安德森空军基地起飞时坠毁，机上两名飞行员平安获救。那是由于 B–2 轰炸机在起飞前，24 个传感器之中的三个被水汽损伤，测得错误的大气资讯，导致飞控电脑错误计算起飞所需的飞行速度和上升角度。飞机随即冲向地面爆炸起火。2010 年 2 月，B–2 轰炸机（编号：88–0332）“华盛顿幽灵”号在关岛安德森空军基地地面启动时四台发动机中的一台发生火灾，同时损坏了发动机舱和其他部件。

B–2 战略轰炸机在投弹

2013 年 3 月 28 日，美国空军两架 B–2 隐身轰炸机前往韩国参加代号为“秃鹫”的韩美联合军演。这是美国首次派遣可携带核武器的 B–2 隐身轰炸机赴朝鲜半岛进行实弹演习。这两架飞机从密苏里州的怀特曼空军基地起飞，在“单次连续任务”中往返飞行 1.3 万英里，在韩国的目标范围内投下仿真弹药。这次演习激怒了朝鲜，并促使平壤发出了在核武器的辅助下发动一场“全面战争”的威胁。

B-2 轰炸机是当今世界上唯一的一种隐身战略轰炸机，它在空中不加油的情况下，作战航程可达 1.2 万千米，空中加油一次则可达 1.8 万千米。每次执行任务的空中飞行时间一般不少于 10 小时，美国空军称其具有“全球到达”和“全球摧毁”能力。对于这种有巨大战斗力的隐身战略轰炸机，人们不得不小心提防，防止“黑蝙蝠”发疯、发威。

3.4. 谍王“黑鸟”

二战后，美国为了实现当“世界警察”的宏愿，需要获得世界各国的各种情报，需要战略侦察，美国的高空侦察机就是这样发展起来的。

美国的高空侦察机就是空中间谍。说起空中间谍，人们自然会记起 U–2 飞机，这是一种高空侦察机，从 1956 年 6 月服役后，在世界各地进行秘密飞行，干着间谍勾当，被称为“黑寡妇”。

在“黑寡妇”U–2 飞机退役后，又有“黑鸟”SR–71 高空侦察机接班，因为，美国要当“世界警察”的宏愿没有改变。

“黑寡妇”的下台

说起空中间谍，人们自然会记起 U–2 飞机，它是美国洛克希德公司秘密部门“臭鼬工厂”应美国政府要求为特定目的制造的侦察机，这是一种单发动机涡喷式高空侦察机，绰号是“黑寡妇”，1955 年 8 月秘密完成首飞。1956 年开始装备美空军，用来侦察敌后方战略目标。

机上装载多种高空侦察设备：8 台照相侦察用的全自动照相机，能全天候工作且分辨率高；4 部实施电子侦察的雷达信号接收机。还装备有无线电通信侦收机、辐射源方位测向机和电磁辐射源磁带记录机等。它能不分昼夜的于 21 336 米高空执行全天候侦察任务，在和平时期、危机、小规模冲突和战争中为决策者提供重要情报。

从 1956 年 6 月服役后，“黑寡妇”U–2 高空侦察机在世界各地进行秘密飞行，干着间谍勾当。在 U–2 高空侦察机上装备多种高空侦察设备，搜集各种雷达信号及无线电通信情报。

1956 年 7 月 4 日是美国独立日，“黑寡妇”飞越苏联领空，7 月 5 日对莫斯科进行侦察。1958 年 3 月开始，对中国进行侦察。“黑寡妇”U–2 高空侦察机多次秘密地深入苏联及中国领空，对核武器试验场、导弹发射阵地、军事基地进行高空侦察。由于它在万米以上高空飞行，难以被发现，也不易被击落，所以它频

U-2 侦察机

频频得手。“黑寡妇”曾风光一时。U-2 侦察机曾对古巴进行侦察飞行时发现了苏联的导弹发射基地的建设，由此引发了古巴导弹危机、美苏十三天对抗，最后以一架 U-2 的击毁结束，算得上黑色幽默。

后来，由于防空武器的发展，特别是防空导弹的发展，U-2 飞机接连被击落。在 1962 ~ 1965 年间，窜入中国大陆进行高空侦察的 U-2 飞机，曾先后被击落过 5 架。

由于 U-2 侦察机多次被击落，美国才下令停止 U-2 飞机的战略侦察飞行，并将它改为气象侦察机。从此，“黑寡妇”U-2 高空侦察机退出了高空侦察。但是，退役后的 U-2 侦察机进行了改进，它的改进型 U-2R 飞机曾参加了 1991 年的海湾战争，被用作战术侦察机。

你知道吗：U-2 侦察机

U-2 侦察机是美军的一种高空侦察机，机长 19.8 米，翼展 31.4 米，最大起飞重量 13 154 千克，最大载油量 4350 千克，最大平飞速度 810 千米 / 小时，最大巡航速度 670 千米 / 小时，实用升限 24 384 米，续航时间 8 小时左右，最大航程 5 700 千米。

神秘的“黑鸟”

自从“黑寡妇”U-2 高空侦察机退出高空侦察后，美国发展高空侦察机的计划并没有停步。美国空军从 20 世纪 60 年代初就秘密研制比 U2 飞机更先进的高空侦察机。1964 年 12 月，代号为“SR-71”的高空侦察机升空试飞，并于 1966 年 12 月开始装备美国空军部队。

SR-71 高空侦察机是一种高速远程战略侦察机，飞行高度可达到 26 000 米，飞行速度相当于 3 倍音速。它是世界上飞得最高、飞得最快的飞机，至今还没有任何一架飞机能超过它。这种侦察机外形特殊，它全身呈黑色，像一只展翅翱翔的黑鸟。所以，人们把它称为“黑鸟”。

SR-71 高空侦察机

“黑鸟”侦察机的外形与其他高空侦察机不同，从侧面看像一支箭，细细的机身、尖尖的机首像箭头，而位于后端的三角形机翼像箭翎。它的机身与三角形机翼连接得非常光滑，呈圆弧状，并融合成一体，没有分界线。这样，改善了飞机机翼的气流流动状况，降低了飞行阻力，并增加了飞行的稳定性，还改善了飞机的操纵性。

“黑鸟”侦察机飞行速度快，机身外表面与空气摩擦生热，表面温度达到300 ~ 500℃。在这样的高温下，铝合金材料会软化，强度会降低。为此，“黑鸟”侦察机采用钛合金作为机体材料，它的耐高温能力为铝合金的10倍。同时，为防止由于高温导致飞机油箱里燃油自燃爆炸的可能性，“黑鸟”侦察机采用了特种燃料，它在常温下无法燃烧，只有将另一种助燃气体喷射到发动机的燃烧室内，才能点燃。

作为高空战略侦察机的“黑鸟”，具有高超的侦察本领，机上装备门类齐全的侦察设备，有高分辨率的侦察照相机、红外电子侦察设备，还配有带“合成孔径”天线的图像雷达，可以使飞机在一个国家的边界一侧飞行，而获取另一侧国家纵深200千米处目标的清晰图像，并能立即将各种信息传送到地面控制中心。

一代谍王的“黑鸟”侦察机不仅侦察本领高，而且本身隐蔽性好。它的外表涂有一层黑色吸波涂料，使敌方雷达难于发现。同时，机上还装有电子干扰装置，一旦发现外来电波，便能自动进行电子干扰，蒙骗敌方雷达。此外，机上还装有红外干扰装置，产生红外辐射，干扰敌方的红外探测装置，并能逃脱红外制导武器的追击。

尽管“黑鸟”侦察机飞得快、飞得高、隐蔽性好，又有极佳的高空侦察本领，但它技术复杂，操纵性不良，易发生高温漏油等故障，并会导致坠机事件的发生。“黑鸟”侦察机在高空侦察飞行中，先后坠毁过10次。因此，“黑鸟”侦察机于1990年退役。

正像U-2退役，高空侦察机没有消失一样，“黑鸟”的后继机在等待出笼，它要取代“黑鸟”侦察机，成为明日的“谍王”。

你知道吗：SR-71 高空侦察机

SR-71 高空侦察机是由美国研制的高空战略侦察机，机长 32.74 米，机高 5.64 米，最大起飞重量 77.11 吨，最大飞行速度 3.2 倍音速，侦察高度 24 000 米，作战半径 1 930 千米，航程 4 800 千米。

3.5 空中轻骑兵

评价一架战斗机不仅要看它的外表，看它的战斗性能，还要看它在实战中的表现。对 F-16“战隼”战斗机来说，它不但有一副凶猛的外表，有先进的武器系统和机载设备，而且在实战中显示了空中轻骑兵风采。

并不“低档”的第三代战斗机

20 世纪 60 年代中期，越南战争全面爆发，美国的第二代战斗机 F-4 等投入实战。由于 F-4 对机动性能重视不够，实战效果不理想，对作战方式的预测与实际情况不符。第二代战斗机研制不成功，促使美国从 60 年代中后期开始考虑研制第三代战斗机。

1975 年，美国空军第一种第三代战斗机 F-15 服役。F-15 战斗机研制得很成功，与上一代战斗机相比，不仅性能水平有台阶性的提高，而且作战效能明显增强，在实战中战果累累。但是这种飞机的价格较昂贵，难于承担购置大量 F-15 飞机的费用。为解决经费与所需战斗机数量之间的矛盾，美国空军提出了“高低搭配”的原则，即数量较少的高性能飞机与数量较多、性能和价格较低的飞机配合使用。

F-15 战斗机

F-16 战斗机成为这种低档飞机的候选对象，其实，F-16 一开始并不是作为与 F-15 搭配的“低档飞机”来研制的，而是美国空军“轻型战斗机原型机研制计划”的竞争机。1972 年 1 月，美国空军正式提出“轻型战斗机”研制计划，验证在战斗机

F-16“战隼”战斗机

上采用新技术。美国空军从5家参加投标的公司中选定通用动力公司和诺斯罗普公司的两个方案，经过一年时间的竞争试飞，1974年4月，美国政府决定F-16与F-15飞机搭配使用，即充当“高低搭配”中的低档飞机。F-16战斗机就这样问世了。

其实，F-16战斗机的性能水平相当高，并不“低档”，从技术水平来讲，F-16不仅不低，有些方面比F-15更先进。只是为了降低成本，采用比较简单的机载电子设备，后几经改进其机载电子设备已日趋完善和先进。

你知道吗：F-16“战隼”战斗机

F-16“战隼”战斗机是美国空军研制的单发单座轻型战斗机，为第四代战斗机，有A、B、C、D等多种型号。常用的F-16C/D型机，机长15.03米，翼展为9.45米，机高5.09米，最大平飞速度相当于2倍音速，实用升限为17 200米。

空中轻骑兵风采

F-16战斗机是美国通用动力公司研制的一种单座、单发动机轻型战机，它是用高技术武装起来的新型战斗机，它的机身外形短粗，采用翼身融合体形式，阻力小，强度高。座舱盖采用气泡式，座椅高，使飞行员视野广阔。从外形上看，它像一只巨大的隼，它那向下倾斜的头部像隼的尖嘴，所以，它又叫“战隼”。

F-16战斗机是一种小型战斗机，质量虽小，发动机推力却大，外形布局合理，空气阻力小，所以它机动性能好，是空中轻骑兵。它的武器系统和机载设备也很先进，机上一般装有1门20毫米机关炮、4 ~ 6枚“响尾蛇”空对空导弹，还可携载空对地导弹、火箭弹、制导炸弹、特种炸弹等。机上装备有新型火控雷达、敌我识别器、全球定位系统。飞机上的一切活动，几乎都在计算机控制下进行。

F-16战斗机上的武器

F-16战斗机主要用于空战，适合于中低空作战，也可用于近距离空中支援。所以深受空军部队欢迎。使F-16战斗机扬名四海的不是它那副凶猛的外表和机上的武器系统和机载设备，而是在实战中的表现。

F-16飞机的空战性能极佳。它问世不久，美国就把约40架F-16A式歼击机卖给了中东盟友以色列，以军飞行员利用它两次远程奔袭作战使F-16名扬四海。

1981年，以空军飞行员长途奔袭1 300千米，打击巴格达附近的一个核反应堆。出动8架F-16、6架F-15，经数次加油抵达目的地后，F-16负责对地轰炸，F-15负责空中掩护，最终成功地将核反应堆摧毁。

1982年，第五次中东战争爆发，以空军有了上次偷袭伊拉克核反应堆的成功经验作为参考，便直接将F-16作为主力，F-15为空中掩护梯队，成功地袭击了叙利亚设在贝卡谷地的萨姆-6导弹阵地，在6分钟之内，19座叙利亚的导弹阵地全部被彻底摧毁

这两次远程奔袭作战使F-16名扬四海。F-16在美国空军服役期间，美国军方就发现这种飞机超大的载弹量和灵活的机身更适合用于对地和对海攻击。以空军两次远程奔袭作战获得成功，更加准确地印证了美国军方的看法。

在海湾战争中，美国空军在实战中首次使用了F-16，共出动了13 480架次；这在美军飞机中出动率最高，平均每架飞机出动537次。执行了战略进攻、争夺制空权、压制防空兵器、空中遮断等任务，是“沙漠风暴”等行动中的一大主力。

1992年12月27日，一架F-16C战斗机在伊拉克南部的“禁飞区”内用AIM-120导弹超视距击落了一架伊拉克的米格-29飞机，这也是AIM-120导弹第一次用于实战。

“战隼”战斗机曾在海湾战争中显过身手，美国把F-16“战隼”战斗机调至巴尔干地区，是为了加强北约的空中力量。在空袭南联盟时，F-16战斗机被用来执行了大量的任务，包括压制敌防空系统、防御性空战、进攻性空战、近距离空中动摇和前沿空中控制任务。摧毁了南联盟大量雷达阵地、地面坦克和车辆、建筑物

和南联盟空军的米格战斗机。

这些空中战斗经历，证明了 F-16“战隼”战斗机是现代空战舞台优秀的空中轻骑兵。

3.6 空中杀手

在海湾战争中，武装直升机大显身手，出尽风头。1991 年 1 月 17 日凌晨，8 架美国陆军 AH-64 阿帕奇武装直升机与美国空军的 F-117A 隐形战斗轰炸机一起打头阵，阿帕奇武装直升机机群从低空闯入伊拉克防区，伊军的防空雷达没有发现它们，而这支武装直升机机群却探测到了两座伊拉克雷达阵地。

当距离目标 800 米时，机群指挥员下达了导弹攻击命令。AH-64 阿帕奇武装直升机发射了反雷达导弹。几秒钟后，第一枚导弹命中目标，紧接着第二枚导弹也命中了目标。两座伊拉克雷达阵地成了一片火海。短短几分钟时间，两座雷达阵地被摧毁了，伊拉克防空系统的“眼睛”被阿帕奇武装直升机摘除了。多国部队的几百架战机，飞过了伊拉克防空网的这个缺口，直向伊拉克首都巴格达飞去。

“挖眼”专家阿帕奇

进行“挖眼”手术的阿帕奇武装直升机是当今世界上最先进的攻击直升机，由美国休斯直升机公司研制。1975 年，第一架 AH-64 阿帕奇武装直升机飞上蓝天，又经过近 10 年的改进，于 1984 年交付美国陆军部队，正式服役。

阿帕奇武装直升机是一种中型直升机，机身长 14.65 米，机高 3.5 米，旋翼直径 14.63 米，质量约 4 800 千克，最大起飞质量为 9 500 千克。它的机身上装有 4 片桨叶组成的旋翼，位于机身后部的尾桨也为 4 片，用于维持飞行的平衡，尾桨可折叠。这种武装直升机飞行速度快，机动性好，最大飞行速度为 365 千米 / 小时，最大垂直爬升速度为 12.7 米 / 秒。

阿帕奇武装直升机火力强、战斗威力大，它装备了精良的武器，除了 1 门机关炮外，可外挂 l6 枚“海尔法”反坦克导弹或 4 枚“毒刺”空对空导弹，19 枚 70 毫米火箭弹，武器总质量为 770 千克。“海尔法”反坦克导弹是一种激光制导导弹，弹长 1.6 米，质量为 45 千克，精确度高。“毒刺”空对空导弹为红外制导，可使导弹按预定飞行轨迹跟踪空中目标。

阿帕奇武装直升机

阿帕奇武装直升机的机体下部设计得非常结实，采用轻型复合材料装甲，能抵挡住口径为12.7毫米穿甲弹和口径为23毫米爆破弹的攻击，而且即使它的旋翼、桨叶中弹，也可继续飞行30分钟，所以它具有较强的生命力。在阿帕奇武装直升机上装备了先进的电子设备，有目标截获、识别系统和飞行头盔夜视系统，飞行员能在夜间清楚地发现目标，使它能昼夜作战。

正是由于阿帕奇武装直升机具有优良的战斗性能，它曾在现代战争中发挥过重要作用。1989年12月，美国入侵巴拿马，阿帕奇武装直升机首次参战。攻击巴拿马的指挥中心大楼时，它发射的“海尔法”激光制导导弹准确命中目标，成功地施行了一次“外科手术”。

在海湾战争中，美国共投入300多架阿帕奇武装直升机，它们能贴近地面几米、几十米飞行，准确地轰炸伊拉克的坦克和地面目标，被称为“坦克杀手”、“空中火药库”。在每次战斗中，阿帕奇武装直升机都打头阵，进行超低空轰炸。在对南联盟的空袭中，美国为迫使南联盟屈服，从德国基地调派数十架AH-64阿帕奇武装直升机前往南联盟邻国阿尔巴尼亚。阿帕奇武装直升机来到巴尔干半岛一是为了加大对南联盟的空中打击；二是为北约对南联盟发动地面进攻作准备。阿帕奇武装直升机以南联盟的重炮、坦克和地面部队为攻击目标，它既可单独作战，也可与地面装甲部队、炮兵部队联合作战。

你知道吗：阿帕奇武装直升机

阿帕奇武装直升机是装备美国陆军部队的一种中型直升机，机身长14.65米，机高3.5米，旋翼直径14.63米，质量约4 800千克，最大起飞质量为9 500千克。最大飞行速度为365千米/小时，最大垂直爬升速度为12.7米/秒。

隐形的空中杀手

美国为适应未来战争的需要，由美国波音直升机公司在阿帕奇武装直升机的基础上设计了RAH-66“科曼奇”武装直升机，它是一种集攻击、侦察于一身的两用隐形直升机，并于 1995 年 8 月进行了首飞。

“科曼奇”武装直升机具有较快速度和较好的机动性，速度为 400~500 千米 / 小时，能在空中进行各种特技飞行，以抢占有利攻击位置，也能迅速摆脱敌机的追击。在“科曼奇”武装直升机上改进了目标探测系统和夜视导航系统，提高了夜间作战能力和目标捕获、识别能力。所以，它可以在夜间及恶劣气候下低空飞行。机上还装有作战任务一体化系统，使飞行员能在各种条件下完成作战任务，对敌发起攻击，使得武装直升机具有更大威力，成为真正的“空中杀手”。

“科曼奇”直升机是世界上第一种隐身直升机，采用多种隐身技术，具有良好的隐形性能。

首先，对雷达探测隐形。“科曼奇”直升机有一个对雷达隐身的外形，它的机头为带角平面边缘形状，机身齐平，机身侧面由两个半平面转角构成，机舱、导弹吊架、无线电均为内藏式，以减少雷达反射截面积。除了具有对雷达隐身的外形外，其机体结构、旋翼及传动系统都使用复合材料，机上使用的复合材料占整个直升机结构重量的一半以上。为此，“科曼奇”直升机的雷达反射截面积仅为一艘直升机的 1%。为了不使敌方雷达发现，机上还装备雷达干扰机，可干扰对方的探测雷达，还能发射假回波，迷惑对方雷达，使敌方雷达失灵。

第二，对红外探测隐形。“科曼奇”直升机是一种“冷”直升机，在它的尾梁中装有红外抑制器。它有独特的长条形排口，使发动机排出的热气和冷却空气完全和有效地混合，经尾梁两侧向下的缝隙中排出，再由旋翼下气流吹散，使发动机排气温度明显降低，从而降低红外辐射。这样，”科曼奇”直升机不易被红外制导导弹发现与跟踪，从而保护直升机不受攻击。

第三，对音响探测的隐身。在“科曼奇”直升机上采用多种减小噪声的措施：它的旋翼桨尖采用后掠式，可以使噪声减小 2~3 分贝；采用涵道尾桨，以消除旋翼与尾翼尾流之间的相互作用，减小噪声；在尾梁两侧向下的狭长缝式排气口，不仅可减少红外辐射，也能有效地减小噪声。此外，桨叶的叶型和弯曲度，从桨根到桨尖是变化的，这样，低速飞行时，可降低旋翼转速，从而降低噪声。

第四，对目视隐身，为使肉眼与光学观察器材观察不到，“科曼奇”直升机机身细长，武器内藏，起落架可收起，座舱采用平板玻璃，能有效地减少阳光漫射，全机采用暗式无反光涂料，以减小直升机的反光强度，有利于对目视隐形。由于旋翼的桨叶数量与目视探测有关，“科曼奇”直升机采用 5 片桨叶的旋翼，它被目视探测的可能性比 2 片桨叶的直升机减少 85%。

“科曼奇”隐身直升机还具有超常的攻击能力。它的机头安装口径 20 毫米的双管航空炮，对空射速每分钟 1 500 发，对地面目标射速每分钟 750 发。它的武器

RAH-66“科曼奇”直升机

舱可装长 2 米的导弹 6 枚，武器舱打开的时间不到 5 秒钟。它的短翼可按不同的组合方式携带 864 千克武器载荷，能挂带 32 枚 70 毫米的“九头蛇”火箭，或 8 枚“狱火”导弹。

它能在战火纷飞的地面战场上低空和超低空飞行，执行武装侦察、反坦克和空中战斗等多种任务。由于机上装有先进的航空电子装备，有先进的雷达探测设备，红外线的装置，能在昼夜恶劣气象条件下，执行战斗任务，它能在战斗中首先发现目标，在目标开火之前，首先开火，先发制人。它自动化程度高，机上的系统能代替人进行侦察活动，并能对飞机其他系统进行监测。机上装备的“作战任务设备一体化系统”，使飞行员能在各种条件下完成作战任务，机上的武器攻击系统还能替代人发动攻击。

此外，“科曼奇”直升机具有极强的生存能力，武器舱装有火警探测系统，需要时在驾驶舱内就能快速投弃武器；它的燃油系统是耐坠毁的，并有惰性气体发生系统，可防止直升机坠毁后燃油着火；驾驶舱采用双过滤超压系统，具有防原子、防生物和化学武器的能力，飞行员在驾驶舱内可不穿防护外衣。

正是由于“科曼奇”隐身直升机具有上述特点，所以有望成为美国陆军航空兵的主力机种，成为真正的空中隐身杀手。

你知道吗：“科曼奇”直升机

RAH-66“科曼奇”武装直升机是美国研制的一种集攻击、侦察于一身的两用轻型隐形直升机，于 1995 年 8 月进行了首飞。空重 3 392 千克，速度为 400~500 千米 / 小时，机头安装口径 20 毫米的双管航空炮，它的武器舱可装长 2 米的导弹 6 枚。

3.7. 空中的“坦克杀手”

海湾战争中，伊拉克的坦克受到了重创，损失惨重。伊拉克的坦克不只是受到了多国部队坦克的攻击，还受到了多国部队战机的攻击。空中的“坦克杀手”击毁了一辆辆伊拉克的坦克，这种“坦克杀手”便是美国研制、生产的A-10“雷电”攻击机。

“坦克杀手”是“雷电”

A-10“雷电”攻击机是美国生产的一种单座双引擎攻击机，是负责提供对地面部队的密接支援任务的机种，用于攻击敌方坦克、武装车辆、重要地面目标等。

“雷电”攻击机机型独特，它采用中等厚度大弯度平直下单翼、尾吊双发、双垂尾的正常布局，不仅便于安排翼下挂架，而且有利于遮蔽发动机排出的火焰与气流，有利于抑制红外制导的地空导弹的攻击。它有着长长的机翼，不仅可以提高航程，还可以实现短距起降。下垂的翼端设计可减小阻力，增加约8%的航程。

在A-10“雷电”攻击机上，共有11个外挂架，最大外挂质量为7 250千克，可携载多功能炸弹、燃烧弹、集束炸弹及空对地导弹等武器。为此，它可用来攻击地面坦克、火炮、装甲车，也可用来摧毁地面火力点，特别适合于用来攻击行进中的坦克，故有“坦克杀手”之称。

A-10“雷电”攻击机

这名空中“坦克杀手”自身防卫能力也不错，座舱周围由12.7~38毫米厚的钛合金装甲板构成，内侧衬有防弹纤维，装甲总重550千克，机腹钛合金装甲厚50毫米，全机装甲总重 1 315 千克，可抵挡 23 毫米穿甲弹的打击。机上的液压、电力与其他线路均分成左右各一套系统，增加了安全系数。

A-10“雷电”攻击机依靠强大的火力、坚厚的装甲专司对地攻击，使它成为名不虚传的空中“坦克杀手”。

你知道吗：A-10“雷电”攻击机

A-10“雷电”攻击机机长 16.26 米，翼展为 17.53 米，机高 4.47 米，最大起飞质量为 22 680 千克，作战飞行速度为 713 千米 / 小时，作战半径为 1 000 千米，实用升限为 11 000 米。

海湾战争明星

1991 年的海湾战争，是 A-10“雷电”攻击机第一次参与实战。其间它参加了“沙漠风暴”等行动，144 架 A-10 机群出动了将近 8 100 架次任务，一共摧毁了超过 900 辆坦克、2 000 辆其他战斗车辆以及 1 200 个火炮据点，使其成为在该战役中效率最高的战机。

另外，A-10“雷电”攻击机还对伊拉克地面雷达设施进行了攻击，还猎杀了高机动性的飞毛腿导弹发射装置。由于伊拉克的飞毛腿导弹发射装置是活动的，且机动性好，只有在准备发射的一刻才较易发现。A-10 攻击机的滞空时间较长，可以长时间在战区盘旋巡逻，在飞毛腿导弹准备发射时对其发动攻击。

A-10“雷电”攻击机也参与空战，曾击落了两架伊拉克的直升机，全都是以 300 毫米机炮击落。第一架是在 1991 年 2 月 6 日于科威特上空击落，另有 3 架军直升机被击伤后不能修复而弃置。

A-10“雷电”攻击机在夜空飞行

海湾战争使 A-10 攻击机名声大噪，“坦克杀手”从此得名。

在空袭南联盟期间，美国把“坦克杀手”A-10 攻击机调往巴尔干地区，参与对南联盟的空袭，用它来摧毁南联盟的坦克部队，为北约的地面进攻作准备。

2001年美军进行阿富汗战争时，A-10刚开始时也没参与任何攻击行动，直到2002年3月，被分派到巴基斯坦的美军空军基地，参与了多项针对塔利班的任务，取得较好战果。

在2003年3月美国发动的伊拉克战争中，有60架A-10在入侵伊拉克的早期执行任务，在此期间，A-10的任务完成率达85%。但其中一架A-10“雷电”攻击机在巴格达机场附近遭伊军防空炮火击落。

2011年3月，利比亚战争中，6架A-10攻击机参与空袭利比亚战斗，对利比亚地面目标进行了攻击。3月29日，美国A-10机还用机炮攻击了利比亚两艘小艇，发射30毫米炮弹，击毁其中一艘，并迫使另一艘逃跑。

战争使A-10“雷电”攻击机名声更响。

3.8 比 1000 个太阳还亮

1945 年 7 月 16 日，美国新墨西哥州的一片称为“死亡之路”的沙漠地，一派繁忙景象，这里便是美国的原子弹实爆基地，工作人员在为核爆炸作准备。准备工作正在按部就班、有条不紊地进行着。

原子弹总设计师奥本海默爬到塔上作最后一次检查。上午 5 时 8 分，引爆组进入了地下掩体——离试验场约 32 千米的观察点里，科学家和军方人员早在那里守候了。物理学家班布里奇打开了主开关，倒计时开始。

5 点 29 分 45 秒，第一颗原子弹爆炸了！震耳欲聋的轰鸣响彻原野，大地在颤抖！爆炸中心的温度达到几千万摄氏度。一个比 1 000 个太阳还亮的火球冉冉升起，闪射出炫目的闪光。火球越来越大，很快在几万米高空形成一个巨大的蘑菇云。这情景就像一首古印度圣诗中所描述的那样：“漫天奇光异彩，有如圣灵呈威，只有一千个太阳才能与其争辉。”

让人毛骨悚然的核爆炸

在当今世界的武器库中，威力最大的武器乃是核武器，它是一种大规模毁灭性武器。核武器的第一声爆炸，离今日已有 60 多年，但它的巨大破坏力，仍让人毛骨悚然。

这比 1 000 个太阳还亮的奇光异彩，让美国核试验基地的所有人终生难忘。有人笑了，是为自己多年努力有了结果；有人沉默，在思考核爆炸对战争、对世界会带来什么影响；有人哭了，不知道是成功的喜悦，还是对核武器杀伤力的担忧。那位亲手打开主开关的物理学家，把那次核爆炸试验说成是“一个肮脏的、令人毛骨悚然的表演”。

的确，核爆炸的威力让人毛骨悚然！因为物理学家班布里奇知道，第一颗原子弹爆炸使爆心的铁塔无影无踪，它已被高温在瞬间蒸发！半径 700 米范围内的沙地被强大的冲击波冲压成晶莹坚硬的盘子，所有的沙子都被瞬间的高温高压熔成玻璃状物质！半径 1 600 米范围内的生物都荡然无存！连 160 千米之外都可以听到爆炸的巨响，200千米之遥的城镇也有玻璃窗被震碎！整个美国西南部都感到了爆炸的震撼！世界第一颗原子弹爆炸威力如此之大，怎能不让人毛骨悚然！

B-29轰炸机

离原子弹第一声爆炸不到一个月，1945年8月6日清晨，美国的B-29轰炸机离开了美国空军基地，它是去执行轰炸日本的任务。这是一次特殊的任务，美国轰炸机悄悄地飞入日本广岛上空。广岛是日军南方司令部所在地，并集结了实力可观的防御部队，把广岛列为轰炸目标是美军的必然选择。那天，风和日丽，战争使曾经是美丽城市的广岛变成了战场，街道上行人匆匆赶路，但谁也不会料到一场骇人的灾难即将来临。

“小男孩”原子弹

B-29轰炸机投下一个小小的白色物体，在蓝天白云间徐徐下落。刹那间，降落伞下的悬挂物发生了爆炸，这是一颗名为“小男孩”的原子弹。巨大的烟云随着火球升腾而起，起先是柱状，随即变为蘑菇状。在这短暂的时间里，天地之间听不到一点声音，突然，在寂静中爆发出巨响，如几千枚重磅炸弹同时爆炸。原子弹爆炸产生的强烈闪光使人睁不开眼，巨大的爆炸声震耳欲聋，大批房屋倒塌，尘土飞扬。火球发出的高温，使易燃物燃烧，广岛成了一片火海，到处是浓烟大火。这座20万人口的城市，顿时成为一片废墟，死伤10万多人。

广岛原子弹爆炸的蘑菇云

同样的悲剧，于同年8月9日又降临在日本长崎。长崎是日本的工业中心，有两个重要的兵工厂就建在长崎。而且，日本军方把兵工厂和部队配置于市区中心。

一颗名为“胖子”的原子弹在长崎上空爆炸。在核爆炸形成的蘑菇云笼罩下，一座美丽的城市遭受了灭顶之灾。

这两颗原子弹的爆炸，是人类历史上最为悲惨的一场浩劫。从此，人们提起原子弹，便会谈虎色变。原子弹作为大规模毁灭性武器，成了悬在人类头上的“达摩克利斯之剑”。

你知道吗：“小男孩”原子弹

“小男孩”原子弹是1945年8月美国投到日本广岛的那颗原子弹的代号，弹重约4 100千克，直径约71厘米，长约305厘米。核装药为铀-235，爆炸威力约为14 000吨TNT当量。

寻觅打开原子弹奥秘的钥匙

发生在日本广岛、长崎的核爆炸是原子弹爆炸。在广岛爆炸的那颗名为“小男孩”的原子弹质量为4 100千克，内装核炸药60千克。原子弹爆炸之所以能产生如此大的破坏力，乃是它爆炸所释放的能量不是来自炸药的化学能，而是来自核装药进行核反应所释放的原子核能。

原子弹是在1微秒内释放了巨大的原子核能而爆炸的。人类为寻觅释放原子核能，做了近半个世纪的努力。

早在1895年，德国物理学家伦琴发现了一种看不见的射线——X射线，引导人类走近原子世界。1906年，英国科学家卢瑟福发现了原子核，提出了原子结构模型，并第一次击碎了原子核，还预言原子核中蕴藏着原子核能。爱因斯坦还导出了计算原子核能的能量公式。

1938年，德国物理学家哈恩和斯特拉斯曼在实验中发现了铀原子核裂变反应，并成功地用中子作炮弹轰击了铀核。1939年法国物理学家约里奥·居里、丹麦物理学家玻尔相继发现了原子核的裂变反应，发现用中子轰击铀核，会释放巨大的原子核能。

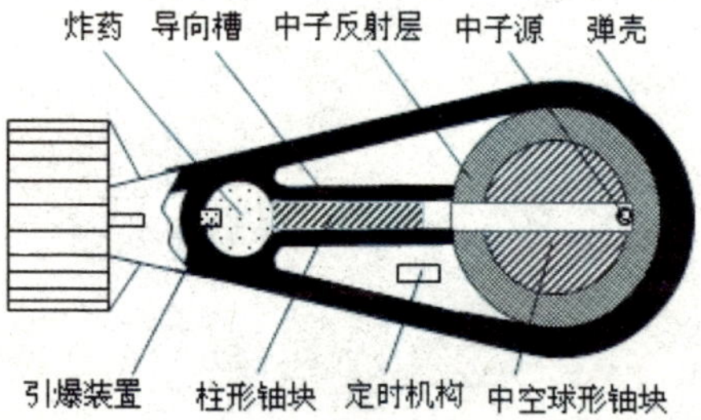

原子弹构造

一批批科学家不懈的努力，使人类找到了释放原子核能的办法。

德国是最早从事原子弹研究的国家。1939年9月，德国原子弹U计划开始启动。德国原子弹研究计划震动了美国上下，爱因斯坦接受了科学家的委托，给当时的美国总统罗斯福写了信，指出了研制原子弹的可行性与迫切性。在罗斯福总统支持下，代号为“曼哈顿工程”的美国原子弹计划正式启动。物理学家奥本海默担任了美国原子弹的总设计师。

神秘的“曼哈顿工程”在众多科学家的支持下，马不停蹄地运转着：招聘科学家，组建实验室，建立铀生产工厂，建设原子弹实爆基地。到1944年3月，美国原子弹研制工作已接近尾声。由于德国科学家消极怠工，再加上希特勒把注意力放在无人驾驶机和火箭上，德国的原子弹计划并未取得进展。

美国终于最先寻觅到打开原子弹奥秘的钥匙，抢先制造了原子弹，并用于战争。

你知道吗：核裂变反应

核裂变反应是一个重原子的原子核分裂为两个或更多较轻原子核，同时放出两到三个自由中子并释放巨大能量的过程。核裂变时释放的能量是相当巨大的，1千克铀-235的全部核的裂变产生能量，与燃烧300万吨煤释放的能量一样多。

原子弹是怎样爆炸的

原子弹爆炸是利用核装药中放射性元素铀-235或钚-239等重原子核的裂变反应来释放原子核能的。

铀、钚等重原子核发生裂变反应要具备一定条件，即参与裂变反应的铀或钚的质量，必须大于一定数量。这个最低限量的质量，称为临界质量。当原子弹中的核装药铀或钚的质量大于临界质量时，裂变反应才能进行，原子弹才能起爆。临界质量的大小与核装药的种类、密度、形状及周围环境有关。通常情况下，铀-235裸球的临界质量为50千克，而钚-239裸球的临界质量为10千克。

为使原子弹内的核装药达到临界状态，在原子弹设计中采用两种方法：一种是枪法，又称压拢法，是把2～3块处于未达到临界质量状态的亚临界状态的裂变装料，在炸药爆炸产生的高压力推动下迅速合拢而成为超临界状态。投在广岛上空的原子弹，就是利用枪法来起爆的。另一种是内爆法，又称收聚式，投在长崎名为“胖子”的原子弹就是利用内爆法爆炸的。

以用内爆法起爆的原子弹为例，看一下原子弹的构造和起爆原理：

原子弹由核装药、起爆装置、普通炸药、中子源、弹体所组成。核装药为铀 -235 或钚 -239，用于产生裂变反应。

原子弹爆炸时，首先起爆装置引爆高能炸药，炸药爆炸产生的内聚冲击波和高压使裂变物质压缩，形成超临界状态。同时，中子源发射出大量中子，使处于超临界状态的裂变物质发生裂变反应，瞬间释放巨大的原子核能，原子弹就是这样爆炸的。一个比 1 000 个太阳还亮的火球，冉冉升起，很快在几万米高空形成巨大的蘑菇云，并以巨大的破坏力，让人毛骨悚然！

3.9 来者不善的“三月大雪”

俗话说：“瑞雪兆丰年”，所以，人们看到大雪都喜气洋洋。1954 年 3 月 1 日，日本渔船“福龙丸”正在太平洋一处海域进行捕捞作业，船员们都被西边天空突然出现的火球和亮光惊呆了。接着，日本渔船上的船员听见了巨大的爆炸声。其后，晴朗的天空里，纷纷扬扬飘落下“大雪”。奇怪，已是三月了，蓝天里怎么会下起“大雪”？

船上的 23 名船员看见了海面上空飘落着的“雪花”，有的还飘落到船员衣服上。船员们感到了这场“大雪”来得不善，匆匆返航。不只是日本渔船的船员看见了“三月大雪”，周围有上百艘渔船在那里打鱼，附近岛屿上有居民在那里生活。他们都看见了“三月大雪”。附近岛上一些孩子看到白天下“大雪”，地面落下多彩的灰尘，觉得好奇，就用手拿着玩。

这不是“瑞雪兆丰年”中的大雪，而是美国进行的一颗氢弹爆炸试验出现的不祥的“大雪”，是沾染有放射性物质的漂浮物。果然，日本渔船“福龙丸”船员们出现了恶心、腹泻、脱发等现象，当这些船员回到自己的港口时，很多人已经奄奄一息。后来，船上 40 岁的发报员就这样不明不白地离开了人世。那些看见过、接触过“三月大雪”的附近渔民和岛上孩子也受到了无情的辐射。后来，美国专家进行了一次调查，结果在接受调查的 241 名渔民当中，试验当年就有 12 名渔民死去；一年后，又有 61 人死于白血病、癌症或肝硬化。

这就是地球上一次氢弹爆炸留给世人的历史记忆。

第一颗氢弹的诞生

自美国 1945 年制造了第一颗原子弹，并在实战中应用，使人们见识了原子弹威力之后。苏联急起直追，开始研制原子弹。1949 年 9 月 23 日，苏联宣布成功地爆炸了第一颗原子弹，从而打破了美国的核垄断。

这对美国震动很大，美国科学家泰勒认为这是说服政府制造氢弹的极好机会，他首先在加利福尼亚找到了曾经为“曼哈顿计划”工作过的科学家，于 1949 年 10

氢弹爆炸

月6日进行聚会，详细讨论了氢弹的制造问题，充分估计了几个关键性的问题给氢弹制造带来的困难。然后，寻找制造氢弹的支持者，他们还争取改变美国政府官员对制造氢弹的看法。泰勒他们坚持说，美国的威望依赖于美国的技术优势，如果苏联人制造了第一颗氢弹，美国就会丢脸。

通过泰勒的游说，终于在美国政界和军方找到了支持者。1950年1月13日，布雷德利以参谋长联席会议主席名义，提出要制造氢弹。1月31日，由国务卿艾奇逊、国防部长约翰逊和原子能委员会主席利连撒尔组成三人特别专设委员会，研究是否制造氢弹问题。在表决中，反对制造氢弹的利连撒尔被击败。当天下午，杜鲁门总统宣布了制造氢弹的决定。

就在美国政府作出要制造氢弹的决定时，遭到以美国科学界三巨擘——爱因斯坦、奥本海默和哈佛大学校长詹姆斯·科南特为首的科学家的强烈反对。12名美国高级物理学家发表了一份号召书，指出："不管一个国家有什么正当的理由，它都无权使用这种炸弹。这种炸弹已非战争中使用的一种武器，而是灭绝整个人类的手段。"爱因斯坦散发了一份举世瞩目的声明，指出氢弹因其放射性有可能一举毁灭一切生命，这位伟人认为，军备竞争已达到歇斯底里的程度。由于科学家爱因斯坦、奥本海默反对制造氢弹，后来竟遭到了美国政府的政治迫害。

美国政府不顾科学家们的反对，开始研制氢弹。1950年6月朝鲜战争爆发，美国加快了氢弹研制工作的步伐。一大批重水反应堆建成了，重水反应堆不仅能生产普通原子弹需要的钚，而且也能生产氢弹所需的氚。从事氢弹研制的科技人员对原子弹进行了改进，研制了能引爆氢的一种新型原子弹。1951年春，计算机专家研制成功了一种新型高速电子数字计算机，解决了热核炸弹的特殊数学问题。泰勒和他的合作者解决了氢弹的引爆问题。

这样，1951年5月，美国制造了以原子弹为点火装置的氢弹，美国第一颗氢弹就这样诞生了。1952年11月1日，美国在太平洋马绍尔群岛的一个小岛首次爆炸试验成功。但是，这种试验氢弹采用的是液体氘和氚的"温式燃料"，氢弹体积庞大，难以实用。美国科学家对试验氢弹进行改进，“干式”氢弹研制成功了。

1954 年 3 月 1 日，在太平洋比基尼岛上试验的就是一颗“干式”氢弹。氢弹试验获得成功，它的威力相当于 1 500 万吨 TNT 火药，是投到广岛原子弹威力的 750 倍。但是氢弹爆炸试验产生的放射性微尘可以飞散到 200 千米以外危害人的生命，日本渔船船员和比基尼岛周围小岛居民就是美国第一颗氢弹试验的受害者。

·小知识·

氢　弹

氢弹是核武器的一种，又称聚变弹、热核弹、热核武器，它是利用质量较轻的原子的原子核发生核聚变反应时释放出巨大能量的核武器。氢弹的威力比原子弹大得多。

氢弹的秘密

什么是氢弹？它有什么奥秘？

氢弹是一种威力巨大的核武器，属于第二代核武器，它是利用氘和氚的聚变反应而造成爆炸的，爆炸威力比原子弹大得多。

氢弹由三部分组成：热核装料、引爆装置和弹体。

热核装料是能进行聚变反应的氘和氚。由于氚需要人工制造，生产费用高，难度大，所以氢弹的热核装料一般用氘的化合物氘化锂。引爆装置是一颗小型原子弹，弹体是用天然铀制成。这颗装在氢弹内的小型原子弹爆炸产生的高温会使氢弹中的热核装料进行热核反应，最终引爆氢弹弹体。

美国的 MK-36 氢弹

氢弹怎样引爆的？

氢弹爆炸首先是引爆装

置，即氢弹中的小原子弹被引爆，产生高温和大量中子。在中子作用下，热核装料中的氘化锂产生氚，它们在高温高压作用下，发生聚变反应，即热核反应，释放巨大核能，引起猛烈爆炸。所以，这种利用热核反应制造的武器也就叫“热核武器”。

在氢弹爆炸过程中，用天然铀制成的弹体也参与了热核反应，使天然铀产生裂变反应来释放原子核能，增大了氢弹的威力。所以，氢弹放能过程有裂变—聚变—裂变三个阶段，氢弹又称三相弹。氢弹爆炸所释放的原子核能大得惊人，相当于几百万吨到几千万吨 TNT 炸药的爆炸威力，为原子弹的数千倍。

氢弹可以制成航空炸弹，由飞机投掷，也可装在导弹战斗部。装有氢弹头的中程导弹、洲际导弹是一种战略核武器，具有核威慑力，可以在陆上用地下发射井、地面导弹发射车发射，也可以用飞机、舰艇在空中、海面发射，还可以装备在核潜艇上，在水下发射。装备有氢弹头的洲际导弹是一个国家重要的核威慑力量。

你知道吗：核聚变反应

核聚变反应是指由质量轻的原子，主要是指氢的同位素氘和氚，在超高温条件下，发生原子核互相聚合作用，生成较重的原子核氦，并释放出巨大的能量。1千克氘全部聚变释放的能量相当于11 000吨煤炭。